増補版

はじめての半導体デバイス

執行直之　著

Semiconductor devices for beginners.
by Naoyuki SHIGYO

近代科学社

まえがき

日常生活に必要な家電製品から自動車まで，現代の生活の大半が半導体の恩恵を受けている．身近なパソコンやスマートフォンなどでも，半導体が多く使われていることは広く知られている．

半導体の原理を学び，仕組みを知ることは，はじめての人にとってはややしきい（バリア）が高いだろう．本格的に学ぶには量子力学も必要になる．これまで多くの本が出版されているが，初学者に適している本はそれほど多くはない．

本書について

本書は，大学の学部生など，はじめて半導体を学ぶ人を対象としている．シリコン（Si）を中心に半導体デバイスの基礎を直観的かつ本質的に理解することを目指し，式よりも図を多く用いて説明した．このため，物理的な厳密さはある程度犠牲にして，初学者にとっての分かりやすさに主眼を置いた．半導体デバイスの動作を理解するために最も有効な図は，エネルギーバンド図[1]である．たとえば，エネルギーバンド図を使うことで電子の流れを水の流れと関連付けて直観的に理解できる．このエネルギーバンド図の描き方については，どのような順序で描くかまで丁寧に説明した．半導体デバイスの特長や動作の基礎を解説した．

1 結晶中では，電子のとり得るエネルギーはいくつかの帯（バンド）状の領域に限られる．この領域をエネルギーバンドとよぶ（2.1 節で後述）．

本書を学ぶためには，高校卒業程度の物理学の基礎と簡単な数学だけで十分であり特別な専門知識は不要である．

超 LSI を構成するほとんどのデバイスは MOS トランジスタである．そこで 1 章では，この MOS トランジスタについて概説し，深く理解するために，2 章でエネルギーバンド図，3 章で *pn* 接合ダイオード，4 章でバイポーラトランジスタ，5 章で容量素子の MOS キャパシタを解説した．特に重要な *pn* 接合ダイオードと MOS キャパシタのエネルギーバンド図の描き方を丁寧に説明した．2 章では，半導体デバイスを理解する上で重要な電荷的に中性で熱的に平衡な状態[2]における電子と "電子のいなくなった孔" であるホール（hole）の密度の求め方について詳しく解説した．3 章では，エネルギーバンド図を用いて *pn* 接合ダイオードの動作を直観的に説明した．4 章では，*pn* 接合ダイオードの自然な拡張としてバイポーラトランジスタを解説した．バイポーラトランジスタを理

2 熱以外に光や電圧などのエネルギーが加えられておらず，そのまま放置してもそれ以上何の変化も起きない状態を熱平衡状態という．

3 例えば，バイポーラトランジスタで電子を収集するコレクタとよばれる部分は MOS トランジスタのドレイン（排水口）とよばれる部分と同じ作用をする．

解することはそれ自体に意味があるだけではなく，MOS トランジスタの動作の理解にも有用である[3]．5 章の MOS キャパシタは，*pn* 接合ダイオードの接合部分に絶縁膜が入ったものとして考えられる．したがって，*pn* 接合ダイオードのエネルギーバンド図が描ければ，MOS キャパシタのエネルギーバンド図もすぐに描ける．これらのエネルギーバンド図が分かれば，6 章の MOS トランジスタの動作を直観的に理解できる．さらに，同章では簡単な式を用いて MOS トランジスタの電流電圧特性の物理的な意味を明確にした．7 章は，超 LSI デバイスとして，MOS トランジスタの微細化の指針であるスケーリング則を説明した．そして，微細化の課題として，MOS トランジスタの短チャネル効果，CMOS デバイスのラッチアップ現象と配線の微細化による信号遅延にも触れた．さらに，超 LSI として現在広く使われているフラッシュメモリを概説した．

著者は，2001 年から大学で半導体デバイスを教えている．毎年，電気電子情報工学科の学生約 70 人に授業をしていて，これまでに多くの質問があった．本書は，この質問も反映して，分かりやすさを重視して書いた．

本書を読むことにより，*pn* 接合ダイオードや MOS キャパシタのエネルギーバンド図を描けるようになる．そして，このエネルギーバンド図から半導体デバイスの動作を直観的で本質的に理解できるようになる．“なぜ” や “どうして” と問いながら読んでほしい．本書が半導体デバイスを理解するきっかけになり，次のステップの基礎となることを望んでいる．

授業での利用について

本書は，学生の自学自習にも使えるように，章のはじめに［ねらい］，［事前学習］，［この章の項目］，そして章末には演習問題とその解答を設けた．

半期 15 回の授業を想定した．以下に，授業の案を示す．

第 1 回： 1 章 半導体と MOS トランジスタの簡単な説明
第 2 回： 2.1 半導体の基礎物理： エネルギーバンド
第 3 回： 2.2 フェルミ統計と半導体
第 4 回： 2.3 電荷中性条件と質量作用の法則
第 5 回： 2.4 拡散とドリフト，2.5 静電場の基本式
第 6 回： 3.1 *pn* 接合ダイオード構造，3.2～3.3 エネルギーバンド図
第 7 回： 3.4 電流電圧特性
第 8 回： 4 章 バイポーラトランジスタ
第 9 回： 5.1 MOS キャパシタの C-V 特性
第 10 回： 5.2 MOS キャパシタのエネルギーバンド図，5.3 C-V 特性の周波数依存性

第 11 回：6.1 MOS トランジスタの動作原理
第 12 回：6.2 電流電圧特性，6.3 NMOS と PMOS
第 13 回：6.4 CMOS インバータ回路
第 14 回：7.1 デバイス微細化の指針：スケーリング則，7.2 デバイス微細化の課題
第 15 回：7.3 配線の微細化による信号遅延，7.4 フラッシュメモリ

なお，第 6 回の 3.1～3.3 節の pn 接合ダイオードのエネルギーバンド図に力点を置き 2 回の授業で説明するならば，第 8 回の 4 章のバイポーラトランジスタを省略したり，または第 15 回の 7.3 および 7.4 節の配線の微細化による信号遅延とフラッシュメモリを省略するのも一法である．

謝辞

本書を執筆するにあたり，株式会社 東芝の多くの方に協力して頂き深く感謝したい．本書の基となる東芝内での本作成のきっかけを与えその後も多大な支援をして頂いた田中真一氏に感謝する．校閲を担当して頂いた松川尚弘氏，間博顕氏，谷本弘吉氏，堀井秀人氏，遠田利之氏，金箱和範氏，成毛清実氏，遠藤真人氏，竹中康記氏に感謝する．岩佐知恵氏，曹氏の支援に感謝する．

出版にあたり近代科学社の山口幸治氏，大塚浩昭氏，安原悦子氏に感謝する．

最後に，休日も本を書いていた著者を静かに見守ってくれた妻に感謝する．

2017 年 2 月

執行 直之

本書は，株式会社 東芝より同社グループ内向けに刊行された『初学者のための半導体デバイス』を基に加筆，修正をいたしました．

増補版について

本書は，2017 年 3 月の初版発行以来多くの大学および高等専門学校で教科書として指定され，3 回の増刷を行うほど好評を博してきた．今回，基本的な MOS トランジスタの電流電圧特性について，より本質的に説明したいので増補版を発行することにした．

増補版での主な変更は，次の 2 つである．1 つは，MOS トランジスタの「ドレイン電流 I_D が飽和する理由」を加筆した．I_D の飽和は，とても基本的なことである．2 つ目は，付録として「MOS トランジスタの実用化まで 32 年」を加筆した．

以上の増補によって，本書が一層幅広い読者のお役に立つことを心から願っている．

2022 年 2 月

執行直之

目　次

1章　半導体とMOSトランジスタの簡単な説明

[ねらい]

ここでは，半導体の代表であるシリコン (Si) の話から始め，ダイオードとトランジスタの発明という半導体の歴史を学ぶ．次に，金属とは異なる半導体の 2 つの特徴を知る．そして，本書の主要なテーマである MOS トランジスタの概要を理解する．

[事前学習]

(1) 1.1 節を読み， Si が地球に多く存在することや半導体の歴史としてダイオードとトランジスタの発明について説明できるようにしておく．

(2) 1.2 節を読み，半導体の 2 つの大きな特徴について説明できるようにしておく．

(3) 1.3 節を読み， MOS トランジスタの特徴であるスイッチと増幅の 2 つの作用について理解しておく．

[この章の項目]

半導体の歴史

半導体の概説

MOS トランジスタの概説

1.1　半導体の歴史

半導体の代表の**シリコン**（Si，ケイ素）[1] は，地球の岩石や土などに多く存在する．Si は，質量比率で酸素の約 50 %に次いで多く，約 25 %存在している．Si は酸素と強く結びついた石英 [2] などとして存在し，Si 単体では存在していない．このため，石英は単体の元素だと思われていた．しかし，1787 年に“質量保存の法則”で有名なフランスのラボアジェが，石英が未発見の物質の酸化物であることを指摘した．それから 36 年後の 1823 年にスウェーデンのベルツェリウスが石英から Si を単体元素として初めて分離した．

1839 年に電磁気で有名なファラデーが物質の半導体的性質を発見した．金属は，温度を上げると抵抗が高くなる [3]．しかし，硫化銀 (Ag_2S) の抵抗は金属とは逆の温度特性を持つことを発見した．Ag_2S は温度を上げると抵抗が低くなったのである．

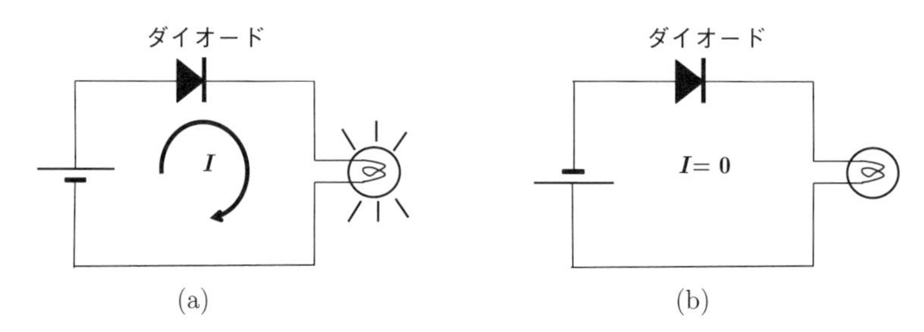

図 1.1　ダイオードの整流特性．電圧をかける向きにより，電流 I が (a) 流れたり，(b) 流れなくなったりする．

金属では，電圧をかける向きに関係なく電流が流れる．1874 年に，ブラウン管の発明者であるブラウンが金属と半導体の接触面での**整流** (rectification) 作用を発見した．図 1.1 に示すように，整流作用とは電圧をかける向きを変えると電流が流れたり，流れなくなったりする現象である．このような特性を示すデバイスを**ダイオード** (diode)[4] という．

半導体デバイスは，第 2 次世界大戦とこれに伴うレーダーの技術開発で大きく進展した．レーダーの受信感度を上げるために，真空管 [5] に比べて高周波の電波に対応できるダイオードが有効であった [6]．1942 年に，ペンシルバニア大学とベル研究所は独立に**不純物** (impurity)[7] として**ボロン**（B，**ホウ素**）を**ドープ**（dope，**添加**）すると Si の抵抗が大幅に低下することを発見した．この不純物のドープ効果も半導体の大きな特徴である．

MOS(Metal-Oxide-Semiconductor)[8] **トランジスタ** (transistor)[9] の基本特許は，1933 年にリリエンフェルトが取得した．しかし，当時は半導体理論や安定な半導体製造技術はなく，実用化できなかった．ベル研究所は，電話ネットワークの充実を図るためには真空管に代わるデバイスが必要だと考えた [10]．そこで 1938 年にショックレーを中心に固体物理の基礎研究グループを発足させた．MOS トランジスタの実現に向け実験が繰り返されたものの，うまくいか

1　以降，元素記号 Si で表記する．

2　石英は，二酸化ケイ素 SiO_2 が結晶してできた鉱物である．特に無色透明なものを水晶とよぶ．

3　温度を上げると格子振動が激しくなり，電子の流れが妨げられるためである．

4　ダイオードは，電流を一定方向にしか流さない整流作用を持つデバイスである．2 端子で，その名は 2 つ（ギリシア語の di）の電極 (electrode) に由来している．

5　真空管とは，内部を真空にした管である．陰極と陽極の 2 つの電極があり，陰極を高温にして電子を放出させ，これを陽極で収集する．三極管の場合，もう 1 枚の電極があり，電子の流れを制御する．

6　真空管は電極間を電子が走行する時間による上限があり，高周波の電波に対応できなかった．

7　半導体に使われる Si では，「99.999999999 %」（イレブン・ナイン）という超高純度な単結晶になっている．この Si に B などの物質を添加するため，これを不純物とよんでいる．

8　MOS とは，開発初期の構造が金属 (Metal)，酸化膜 (Oxide)，半導体 (Semiconductor) で構成されていたために，その頭文字をとったものである．

9　トランジスタは，電子回路の中でスイッチと信号の増幅を行うデバイスである．トランジスタは transfer と resistor を組み合わせた造語である．入力信号を伝達 (transfer) して，抵抗 (resistor) を変化させることに由来している．

なかった．主な原因は，Si 表面の状態がよくないためであった．1947 年，バーディーンとブラッテンはゲルマニウム (Ge) 基板上に絶縁膜を形成することに失敗し，電極が半導体に直接接する状態で半導体に電圧を印加[11] してしまった．しかし，これが点接触**バイポーラトランジスタ** (bipolar transistor) として機能し，電流増幅作用が観測された．“瓢箪から駒” とはこのことで，MOS トランジスタとは別の構造であった．ショックレーが出張中だったので，点接触のバイポーラトランジスタは 2 人の発明となった．その後，ショックレーは 1948 年に点接触ではなく面接触の pn 接合型バイポーラトランジスタを発明し，さらに 1949 年には pn 接合理論と接合型バイポーラトランジスタの理論を発表した．1956 年に，ショックレー，バーディーン，ブラッテンの 3 人はトランジスタの発明により同時にノーベル賞を受賞する．

10 真空管は，フィラメントとよばれる電極を加熱して電子を放出させていた．このため，安定性が悪く寿命も短かった．

11 印加とは，電気回路に電源や別の回路から電圧や信号を与えることを意味する．

1954 年にテキサス・インスツルメンツ (TI) 社がバイポーラトランジスタを応用して初のラジオを開発し，1955 年には東京通信工業（現ソニー）がトランジスタ・ラジオの販売を開始した．

1958 年に TI 社のキルビーが集積回路を発明した[12]．キルビーは，この功績により 2000 年にノーベル賞を受賞する．

12 この発明以前は，個々のデバイスを配線でつなげていた．この発明は，バイポーラトランジスタ 2 個そして抵抗と容量だけの回路だったが，1 枚の半導体基板上に複数のデバイスを集積した初めてのものである．

1960 年にベル研究所のカーングとアタラが，Si 表面を酸化することによりできる Si の酸化膜 (SiO_2) で Si 表面の安定性を大幅に向上させ，MOS トランジスタの実用化に欠かせない貢献をした．さらに，1965 年に RCA のカーンによって洗浄技術が開発され，MOS トランジスタは実用化された（【付録 A3】参照）．

集積回路により，半導体は飛躍的な進歩を遂げている．機械式の電話交換機は電子化され，機械式時計も電子式になる．さらに，機械式計算機は電子計算機になった．パーソナル・コンピュータ (PC) が普及し，インターネットが登場した．PC は，スマートフォンへと進化を続けている．

1.2　半導体の概説

半導体には，金属とは異なる 2 つの大きな特徴がある．1 つは，温度を上げると抵抗が下がることである．もう 1 つは，**ヒ素** (As) やボロン (B) などの不純物をドープすると抵抗が下がることである．たとえば，Si はⅣ族の元素であるが，ここに As（V 族の元素）や B（Ⅲ族の元素）をドープすると抵抗が下がる．これらの半導体の特徴について，次にその理由を概説する．

金属では絶対零度で抵抗が最小となり，温度を上げると抵抗が高くなる．しかし，半導体は絶対零度では電界をかけても電流は流れない．温度を上げると電流が流れ始め抵抗が低くなり，金属とは逆の温度特性を示す．Si の電子は，原子核の周りに 14 個存在する．このうち 10 個の電子は原子核に束縛されていて，残りの 4 個は Si 結晶の結合手[13] の役割を果たしている．このため，低温では自由な電子はない．温度を上げて熱エネルギーを与えると，結合が切れて電子が自由に動けるようになり電流が流れる．

13 Si は 4 本の結合の手を持ち，隣接する Si と電子を共有して結晶になっている．これを共有結合という（2.2.4 項で後述）．

Si に As や B をドープすると抵抗が下がる．As は Si よりも**価電子** (valence electron)[14] が多い．負 (negative) 電荷の電子で電流が流れるので，***n* タイプ** (*n* type) 半導体 [15] という．一方，B は Si に比べて価電子が不足している，この不足部分は電子の "抜けた孔" と考えられ，正の電荷を持つ**ホール**（hole，正孔ともいう）とよばれる．正 (positive) 電荷であるホールで電流が流れるので，***p* タイプ** (*p* type) 半導体という．

14 価電子とは，原子の最外殻にあって原子価や化学的性質を決定する電子のことである．

15 *n* タイプおよび *p* タイプ半導体の詳細は 2.2.4 項で後述．

1.3 MOS トランジスタの概説

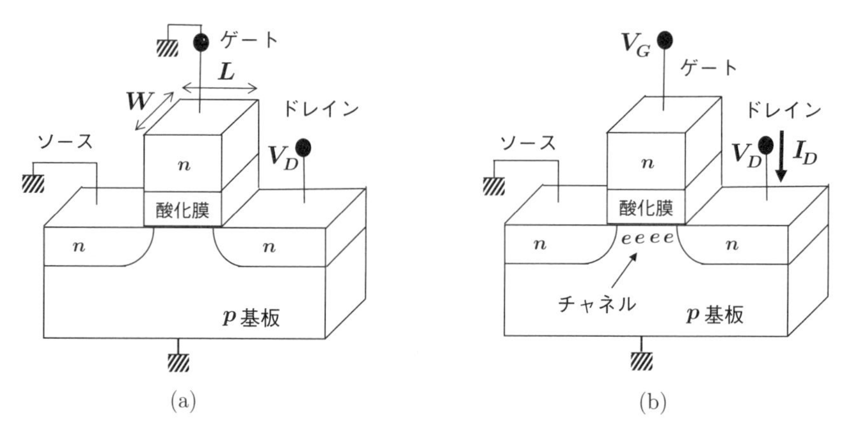

図 1.2　MOS トランジスタの構造．(a) ゲートに 0 V を印加すると，電流は流れない．(b) ゲートに正電圧を印加すると，電流が流れる．

超 LSI(Very Large Scale Integration) で使われているデバイスは主に MOS トランジスタで，1 つの LSI に 10 億個以上集積されている．ここでは，MOS トランジスタについて概説する．

MOS トランジスタの代表的な構造を図 1.2(a) に示す．*p* タイプの Si 基板 (*p* 基板) には，電子の多い *n* タイプの**ソース** (source) と**ドレイン** (drain) とよばれる領域がある．ソースとドレインの間の *p* 基板の領域の上に**酸化膜**（通常は SiO_2）があり，その上に**ゲート** (gate) とよばれる *n* タイプの多結晶 Si がある．*n* タイプのソースと *p* 基板が接している酸化膜界面には，ゲート電圧 V_G が 0 V の場合は 3.2.2 項で説明する "バリア"（**電位障壁**，potential barrier）があり，ドレインに電圧をかけても電流は流れない．しかし，(b) に示すように，正の V_G を加えるとバリアが低下し，ソースからドレインに向かって電子 *e* の "路" ができる．これを**チャネル** (channel) という [16]．

16 ソース･ドレイン間の長さをチャネル長 *L* といい，チャネル幅を *W* と表す．

ドレインに正の電圧を印加すると，ソースからドレインに向かって電子が動き電流が流れる．V_G を高くするとさらに Si 表面のバリアが低くなり，図 1.3 に示すようにドレイン電流 I_D が増加する．図 1.4 は，チャネルの酸化膜/*p* 基板界面での電子の流れを模式的に示したものである．電子は，供給源であるソー

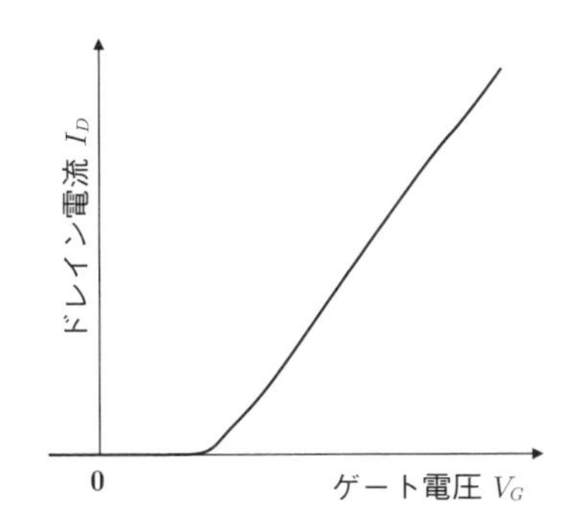

図 1.3　MOS トランジスタの電流電圧特性.

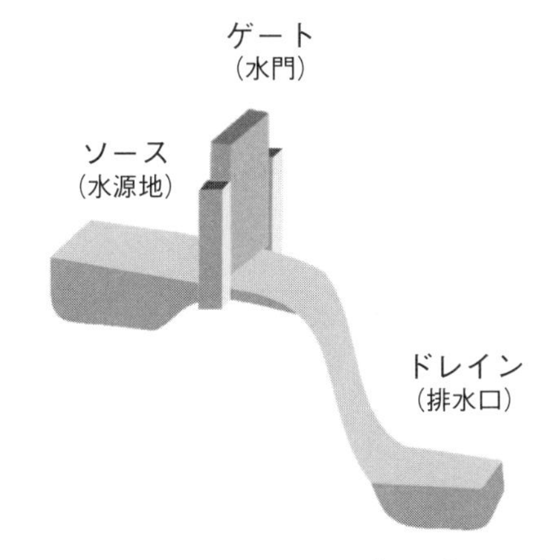

図 1.4　ソースからドレインへの電子の流れ（チャネルの酸化膜/p 基板界面).

スから電子を排出するドレインに向かって動く．ゲート電圧 V_G がドレイン電流 I_D を制御する．ゲートは，水門として水路の深さを変化・調節する役割を担っている．

図 1.3 に示したように，V_G が 0 V のとき電流は流れず OFF である．V_G に正の電圧を加えると，電流が流れ ON となる．この意味で，MOS トランジスタはデジタル・スイッチとなっている．MOS トランジスタは，デジタル回路そしてアナログ回路を構成する重要なデバイスである．

また，MOS トランジスタは**増幅作用**を持つ．図 1.5 に示すように，入力信号 v_{in} をゲートに与え，I_D を変え出力電圧 $v_{out}(= I_D R_L)$ を変化させる．**負荷抵抗** (load resistance)R_L を大きくすれば，v_{in} の小さな変化で v_{out} を大きく変えることができる．つまり，MOS トランジスタは信号を増幅できる．

本章では，半導体デバイスの導入として，半導体の歴史，半導体の特徴，そして主要なデバイスである MOS トランジスタについて概説した．

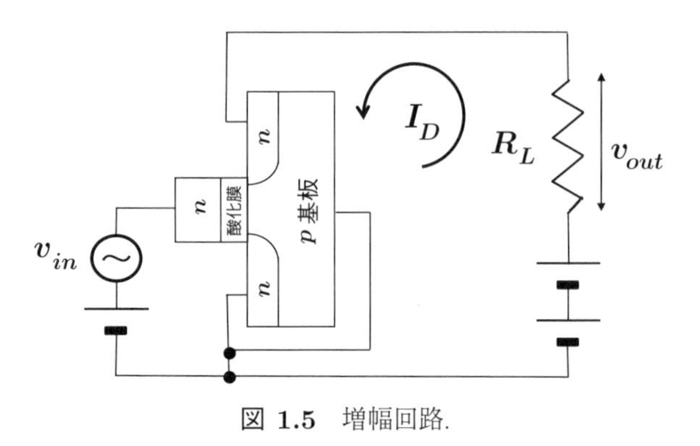

図 1.5　増幅回路.

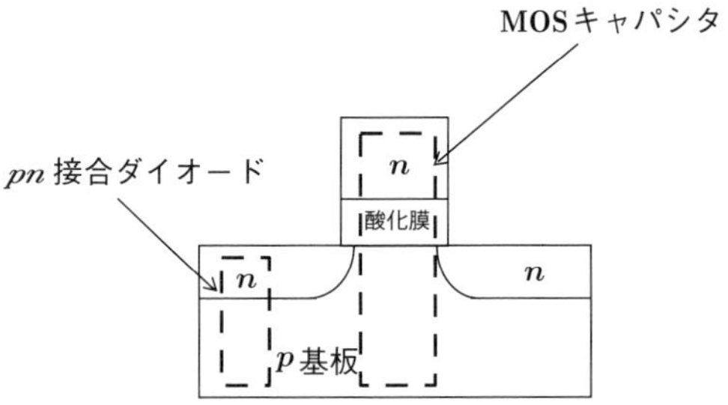

図 1.6　MOS トランジスタと pn 接合ダイオードおよび MOS キャパシタとの関係.

本書の主要な目的は，6 章の MOS トランジスタを理解することである．このために，まず 2 章で半導体の基礎物理を学ぶ．図 1.6 に示すように，MOS トランジスタではソースと p 基板は n タイプと p タイプ半導体が接合しており，これが 3 章で学ぶ pn 接合ダイオードである．ゲート/酸化膜/p 基板は，MOS 構造になっている．絶縁膜があり，直流は流れず，容量となる．これが，5 章で学ぶ MOS **キャパシタ** (capacitor) である．4 章で学ぶバイポーラトランジスタは，スイッチと増幅の作用を持ち，MOS トランジスタを学ぶために有用である．次章から順に説明する．

［1章のまとめ］

1. 半導体の歴史として， Si が地球に多く存在することから始め，ダイオードとトランジスタの発明，そして集積回路により半導体が飛躍的な進歩を遂げていることを示した．
2. 半導体には，金属とは異なる 2 つの特徴がある． 1 つは温度を上げると抵抗が下がることであり，もう 1 つは As や B などの不純物をドープすると抵抗が下がることである．
3. MOS トランジスタの大きな特徴は，スイッチと増幅作用である．

1章　演習問題

[演習 1.1]　1.1 節の半導体の歴史の内容を以下の例のように年表にまとめよ．

表 1.1　半導体の歴史（例）

年	人名など	内容
1787	ラボアジェ	石英が未発見の物質の酸化物であることを指摘

[演習 1.2] 半導体の大きな特徴である温度を上げると抵抗が下がることと，As や B などの不純物をドープすると抵抗が下がることについて説明せよ．

[演習 1.3] MOS トランジスタのスイッチと増幅の 2 つの作用について述べよ．

1章　演習問題解答

[解答 1.1]　表 1.2 参照.

表 1.2　半導体の歴史（例）

年	人名など	内容
1787	ラボアジェ	石英が未発見の物質の酸化物であることを指摘
1823	ベルツェリウス	石英から Si を単体元素として初めて分離
1839	ファラデー	硫化銀の抵抗は金属とは逆の温度特性を持つことを発見
1874	ブラウン	整流特性を発見
1933	リリエンフェルト	MOS トランジスタ の基本特許を取得
1938	ベル研究所	固体物理の基礎研究グループを発足
1942	ペンシルバニア大学, ベル研究所	Si の抵抗が B のドープで大幅に低下することを発見
1947	バーディーンとブラッテン	点接触バイポーラトランジスタを発明
1948	ショックレー	面接触 pn 接合型バイポーラトランジスタを発明
1949	ショックレー	pn 接合と接合型バイポーラトランジスタの理論を発表
1954	TI	バイポーラトランジスタを応用して初のラジオを開発
1955	ソニー	トランジスタ・ラジオの販売を開始
1956	ショックレー, バーディーン, ブラッテン	ノーベル賞を受賞
1958	キルビー	集積回路を発明
1965	カーン	MOS トランジスタを実用化
2000	キルビー	ノーベル賞を受賞

[解答 1.2]　温度を上げると抵抗が下がるのは, 低温では電子は Si 原子核に束縛されているか結晶の共有結合に寄与していて自由な電子はない. しかし, 温度を上げて熱エネルギーを与えると, 束縛が解けて電子が自由に動けるようになり電流が流れるためである.

不純物をドープすると抵抗が下がるのは, Si よりも価電子が多い As をドープすると電子で電流が流れ, 価電子が少ない B をドープするとホールで電流が流れるためである.

[解答 1.3]　MOS トランジスタは V_G が 0 V のとき OFF であるが, V_G に正の電圧を加えると ON となりデジタル・スイッチとして機能する. また, 入力信号 v_{in} をゲートに与えると, v_{in} の変化で I_D そして出力電圧 $v_{out}(= I_D R_L)$ が変わる. MOS トランジスタは, v_{in} を増幅して v_{out} として取り出せる.

2章　半導体の基礎物理

[ねらい]

ここでは，半導体デバイスを直観的に理解するために有用なエネルギーバンドについて学ぶ．また，"熱的に平衡で電荷的にも中性な" 状態における電子とホールの密度の算出法を理解する．さらに，電流が濃度勾配による拡散と電界によるドリフトで流れること，そして静電場（静電界）の基本について必要最小限の内容を学ぶ．

[事前学習]

(1) 2.1 節を読み，原子が孤立している場合の "とびとび" のエネルギーレベルと，原子が結晶になったときのエネルギーバンドについて説明できるようにしておく．

(2) 2.2 節を読み，フェルミレベル E_F と 3 つの半導体のタイプ (i，n，p) について説明できるようにしておく．

(3) 2.3 節を読み，電荷中性条件と質量作用の法則を用いた電子とホール密度の算出法を理解しておく．

(4) 2.4 節を読み，電流が拡散とドリフトで流れることを理解しておく．

(5) 2.5 節を読み，静電場での電荷密度 ρ，電界 E そして電位 ϕ の関係を理解しておく．

[この章の項目]

エネルギーバンド
フェルミ統計と半導体
電荷中性条件と質量作用の法則
拡散とドリフト
静電場の基本式

2.1　エネルギーバンド

2.1.1　電子は粒子か波か

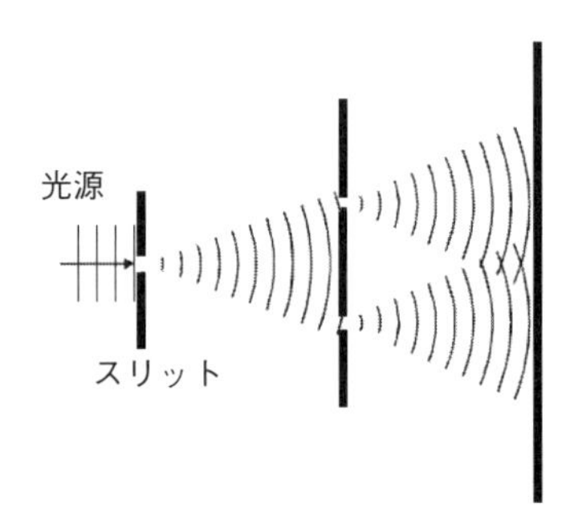

図 2.1　光の波動性を表す干渉現象.

まず光の話から始めよう．1700年頃，ニュートンは光を粒子の集合だと考えた（粒子説）．1801年にヤングはスリットを使った図2.1に示す実験で光が**干渉**を起こすことを示し，光が波であることを実証した（波動説）．ところが，その後，光が粒子としての性質を持つことが分かった．1888年，ハルヴァックスは物質に光を当てると，そこから電子が飛び出してくる現象（光電効果）を発見した．その後，レーナルトはある振動数以上の光を当てなければ電子は出てこないことを見出した．これは，波動説では説明できなかった．この現象に対し，1905年にアインシュタインは光そのものが粒子（光子，**フォトン**，photon）であることを提唱し，光電効果を解明した．この業績によって，アインシュタインは1921年にノーベル賞を受賞した．光は，粒子と波の両方の性質を持つのである（**二重性**，duality）．

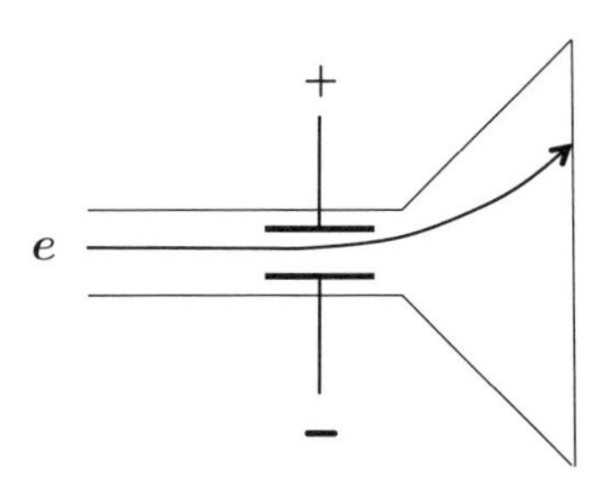

図 2.2　電子の粒子性を表す電界による曲線運動.

電子は，図2.2に示すように，1897年に**電界** (electric field) の影響を受けて曲線運動をすることから発見され，粒子だと考えられていた．これに対し，1924年にド・ブロイは光の二重性に刺激され，「電子も粒子と波の両方の性質を持つ」という考えを発表した．この説は，1927年に電子の干渉現象が確認されたことにより実証された．電子を波動として取り扱ったときの支配方程式[1]がシュレーディンガーの**波動方程式** (wave equation) である．この方程式から次項で述べる電子の**存在確率** (existence probability) が求められる．

1 基礎方程式ともいい，現象を表す物理法則を数学的な方程式で表したものである．

2.1.2 とびとびのエネルギーレベル

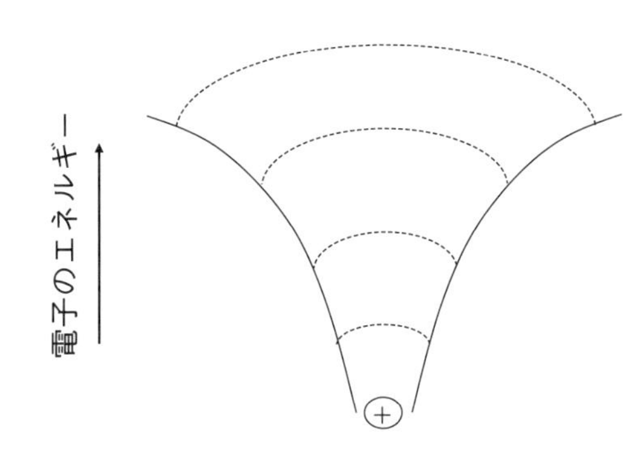

図 **2.3** 正電荷が作る電子に対するポテンシャル井戸．

まず原子が1個で孤立した場合を考え，次に結晶になった場合を考えよう．

原子核の周りに電子が存在する．原子核には正の電荷があり，電子は正電荷に引き寄せられ原子核に束縛されている．図2.3に示す正電荷が作る井戸に電子は閉じ込められている．この井戸を**ポテンシャル井戸** (potential well) という．通常，電子に対するエネルギーが高いほうを上向きに描く．ポテンシャル井戸から抜けだすには，エネルギーが必要である．本書では，**ポテンシャル・エネルギー** (potential energy)[2] の単位としてエレクトロン・ボルト [eV] を使う[3]．

図2.3のポテンシャル井戸に束縛された電子の状態を調べよう．図2.3のポテンシャル井戸を図2.4に示す箱型のポテンシャルで近似して，シュレーディ

2 ポテンシャル・エネルギーとは**位置エネルギー**のことであり，単位はeVである．一方，電位は静電ポテンシャルといわれ，単位はVである．**静電ポテンシャル**で描けば，図は上下逆さまとなる．

3 電子が1Vの**電位** (electric potential) の差を通過したときに得るポテンシャル・エネルギーが1eVである．

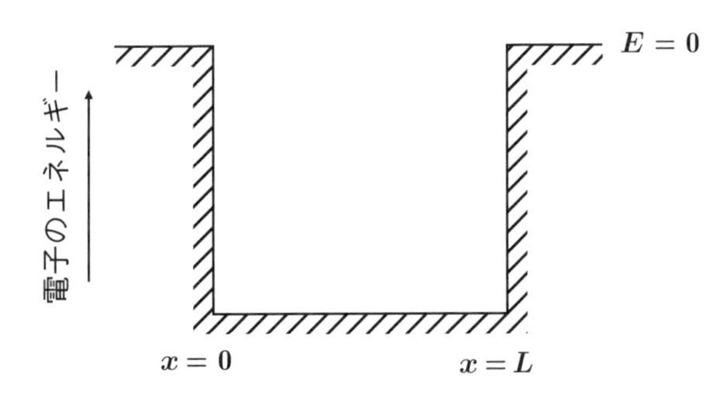

図 **2.4** 箱型近似したポテンシャル井戸．

ンガーの波動方程式を解く．壁が十分高い場合，壁面で電子の存在確率は0となる．これを境界条件[4]として解くと，存在できる波は図2.5のような定在波のみとなる．バイオリンで弦を押さえてたとえば“ミ”を弾くと，出てくる音は“ミ”とその倍音の高調波だけである．つまり，箱型ポテンシャルに存在できる定在波は，半波長が箱の長さ L の基本波とその整数分の1の高調波のみである．半波長が基本波の1/1.3や1/1.4の高調波などという波は存在しない．このため，電子の取りうるエネルギーは連続的ではなく，“とびとび”の離散的な値となる．

4 境界条件とは，有限の広がりをもつ空間で起る現象を考えるとき，その空間の境界で与えられている物理的または数学的な条件をいう．ここでは，境界条件として壁面で電子は存在しないとした．

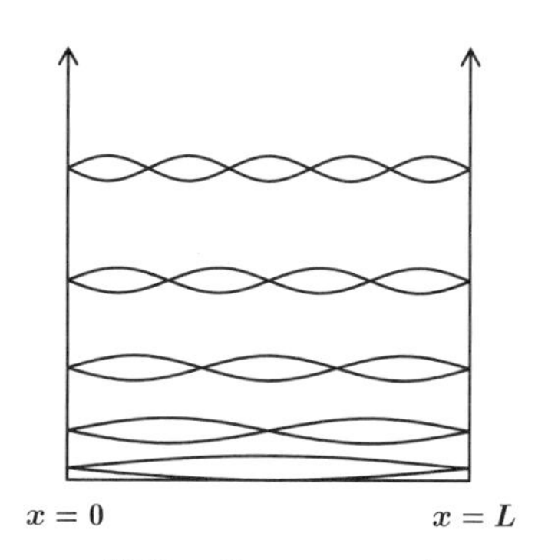

図 2.5　箱型のポテンシャルと定在波.

たとえばナトリウムNaの原子核の周りには，11個の電子がある[5]．図2.6は，ポテンシャル井戸[6]と11個の電子のとびとびの離散的な**エネルギーレベル** (energy level) である．電子が存在できるとびとびのエネルギーをレベル（**準位**）という．Naの原子核の周りに，11個の電子を置いてみよう．電子のエネルギーの低いレベルから電子が入っていく．最も低いレベルには2個入る．3個目の電子は2番目のエネルギーレベルに入る[7]．ここにも2個の電子が入る．3番目のエネルギーレベルには，6個の電子が入る．このエネルギーレベルは3つのレベルが重なったもので（縮退という），それぞれに2個の電子が入るためである．11個目の電子は，原子核から最も遠い軌道のエネルギーレベルに入る．この最外殻の電子を**価電子** (valence electron) という．原子が孤立している場合，この価電子はポテンシャル井戸に束縛されていて自由には動けない．

5 原子核には，11個の電子分の正電荷がある．

6 $E = 0$ のレベルを**真空レベル** (vacuum level) という．電子にエネルギーを与えてこのレベルまで持ち上げれば，電子はポテンシャル井戸からの束縛はなくなり自由に動ける．この電子を**自由電子** (free electron) という．

7　3個目の電子を入れるとき，量子力学の制約がある．それは，“**パウリの排他律** (Pauli exclusion principle)”[1)] [8] である．“1つの**状態** (state) には1つの電子しか入れない”というものである．電子には，上向きと下向きという2つの状態がある（**スピン**, spin）．このため，1番目のエネルギーレベルにはスピンの違う2個の電子しか入れない．

8 1) は参考文献の番号を意味する．

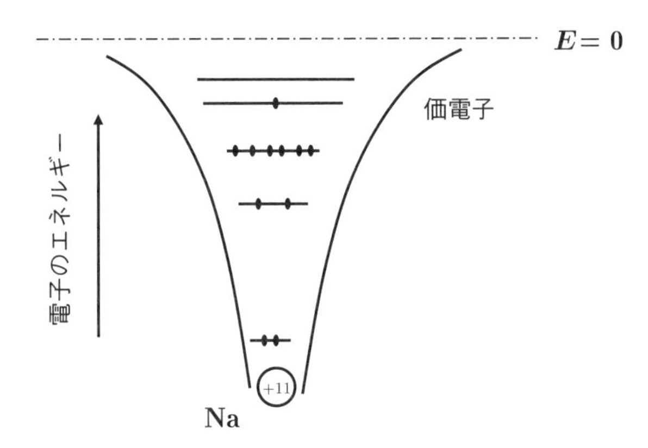

図 2.6 Na のエネルギーレベル.

2.1.3 エネルギーバンド（連続エネルギーレベル）

次に，結晶を考えよう．2 個の原子を近づけていくと，原子核や電子の影響を受けエネルギーレベルが 2 本に分裂する．同様にして N 個の原子を集めて結晶を作ると，図 2.7 に示すように，もともと 1 本だったエネルギーレベルは N 本に分かれる．N が大きい場合，エネルギーレベルはほとんど連続的に存在するようになり，これを**エネルギーバンド** (energy band) という．

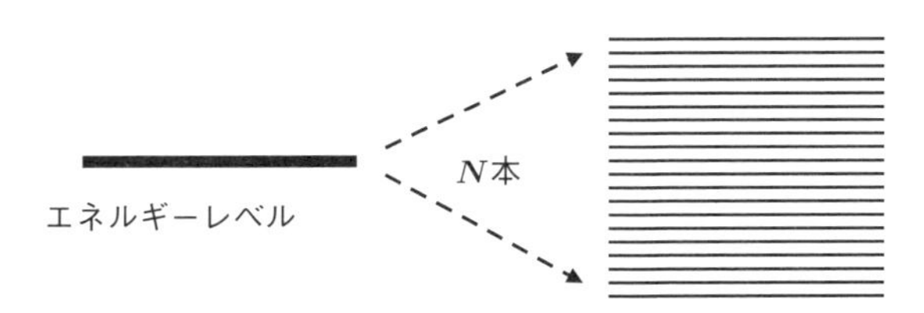

図 2.7 原子が N 個の場合，エネルギーレベルが N 本に分裂する．

図 2.8 は，Na 結晶のポテンシャル・エネルギーである．隣接する原子核の正電荷の影響で，結晶中のポテンシャルのバリアが下がっている．このため，価電子はもはやポテンシャル井戸に閉じ込められていない．図 2.9(a) は，Na 結晶のエネルギーバンドである [2)]．前述のように結晶に原子が N 個あるとすると，価

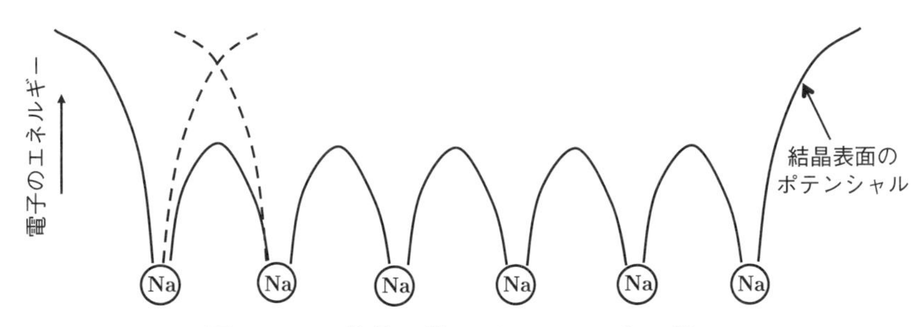

図 2.8 Na 結晶のポテンシャル・エネルギー.

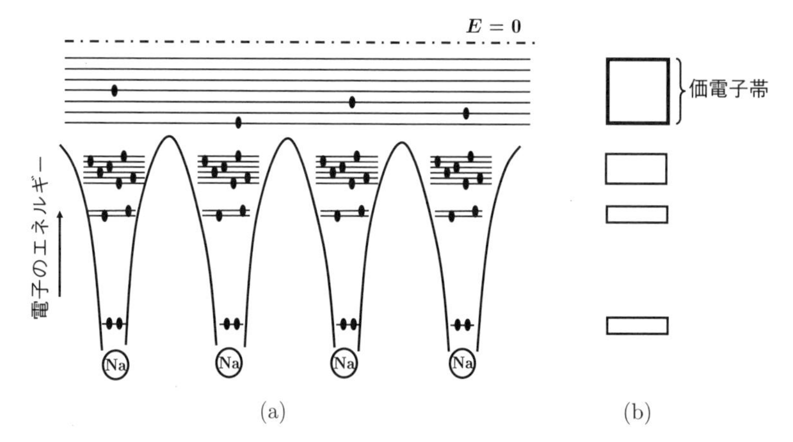

図 2.9　(a) N 個の Na 結晶のエネルギーバンドと (b) 簡略図.

電子のエネルギーレベルは N 個のレベルに分裂しエネルギーバンドになる [9]. 通常，エネルギーレベルを簡略化して，(b) のようにエネルギーバンドだけを描く．価電子がいるエネルギーバンドを**価電子帯** (valence band) という.

さて Si の周りには 14 個の電子があり，価電子は 4 個である．図 2.10 は，Si 結晶のエネルギーバンドである．Si 結晶では，価電子帯のエネルギーレベルは電子で満杯になっている [10]．このため，低温では電流は流れない．熱などのエネルギーで電子が価電子帯から 1 つ上のエネルギーバンドに移れれば，そこを電子は自由に動くことができる．価電子帯の 1 つ上のエネルギーバンドを**伝導帯** (conduction band) という．また，価電子帯と伝導帯の間の電子が存在できない領域を**禁制帯** (forbidden band) という．価電子帯と伝導帯との間隔は，**エネルギーギャップ** (energy gap) E_g という.

9　1 つのエネルギーレベルにはスピンの違う 2 個の電子が入れるため，Na の価電子帯には $2N$ 個の電子を収容できる．Na の価電子は N 個なので価電子帯の半分は空いていて，電流が流れる.

10　孤立原子では，価電子のエネルギーレベルの 1 つ上にもエネルギーレベルがある．結晶では，このエネルギーレベルも分裂する．この結果，Si の価電子帯は sp^3 結合軌道となり $4N$ 個の電子を収容する．Si の価電子は $4N$ 個であり，価電子帯は満杯になる.

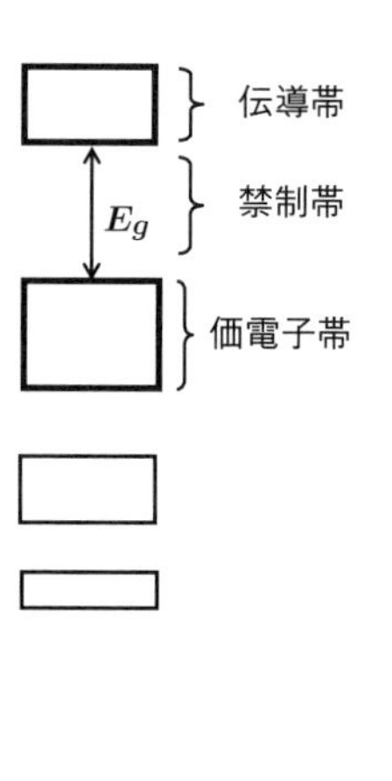

図 2.10　Si 結晶のエネルギーバンド.

2.2 フェルミ統計と半導体

この節では，統計的手法を用いて，固体内の電子の性質の一面を取り扱う．半導体の電気伝導を理解するには，電子のエネルギー分布の温度依存性を知ることが基礎となる．

2.2.1 フェルミ・ディラック分布関数

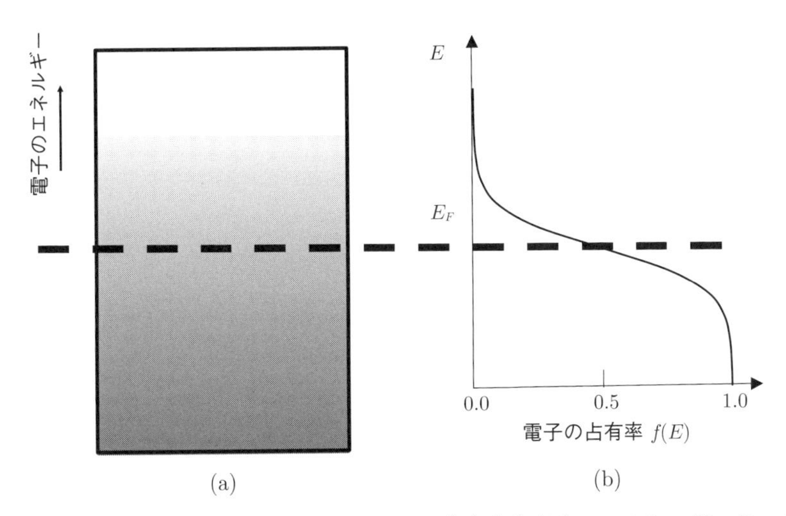

図 2.11 (a) 金属のエネルギーバンド図と (b) 占有率を表すフェルミ・ディラック分布関数.

まず金属を考えよう．図 2.11(a) は，金属の価電子帯である (2.2.2 項で後述)．濃淡はエネルギー E の状態 (state) が電子で占められている程度を表している．低いエネルギーは，電子で占められている．高いエネルギーは，部分的にしか電子に占められていない．さらに高いエネルギーは，空である．

(b) にエネルギー E での状態が電子で占められる確率（**占有率**）を示す．図 2.11(a) と (b) の縦軸は電子のエネルギーに対応しており，破線は E_F で**フェルミレベル** (Fermi level)[11] といわれる．横軸の f は，電子による占有率を表す．E_F は，占有率 f が 1/2 になるエネルギーである．低いエネルギーは電子で満たされ，f は 1 である．エネルギーが高くなると，占有率 f が低下する．さらに高いエネルギーでは，f は 0 となる．この電子による占有率は，**フェルミ・ディラック分布関数** (Fermi-Dirac distribution function) といわれ，次式で与えられる．

$$f(E) = \frac{1}{1 + e^{\frac{E - E_F}{kT}}} \tag{2.1}$$

ここで，k はボルツマン定数[12] ($8.62\text{x}10^{-5}\,\text{eV/K}$) であり，室温 (300 K) で kT は 26 meV となる[13]．

11 フェルミエネルギーともいわれる.

12 高校の物理では，気体分子の運動に関連して学ぶ.

13 meV はミリ eV であり，1 meV は 1/1000 eV である.

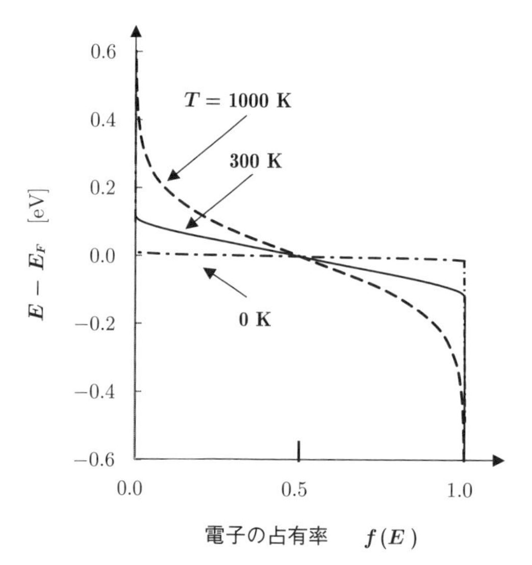

図 2.12　フェルミ・ディラック分布関数の温度 (T) 依存性.

図 2.12 は，フェルミ・ディラック分布関数の温度 (T) 依存性である．絶対零度 (T =0 K) では，1 点鎖線で示すように占有率 f は階段形になる．つまり，エネルギー E が E_F より低いと f は 1 だが，$E = E_F$ で f =1/2，そして $E > E_F$ では $f = 0$ になる．絶対零度では，E_F 以上のエネルギーの状態には電子は存在しない．300 K の電子による占有率が実線である．破線は 1000 K に温度を上げた場合で，高いエネルギーの状態に電子がいる確率が高くなる．

E_F をたとえで説明すると，E_F は絶対零度で電子が持つ最大のエネルギーである（金属の場合）．水の入ったコップを考えてみよう．机の上にコップを静かに置くと，水面は平らである．コップをゆすると水面が揺れ，静止した時に比べて水が高い場所と低い場所ができる．さらに激しくコップをゆすると，水の高低差は大きくなる．コップの振動は，温度の効果にあたる．コップをゆすることはエネルギーを与えることで，温度を高くすることに相当する．一方，静止したコップの水面が，絶対零度でのフェルミレベルに対応する．なお，エネルギー E と E_F との差 $|E - E_F|$ が kT よりも十分大きければ，フェルミ・ディラック分布関数は**マクスウェル・ボルツマン** (Maxwell-Boltzmann) 分布関数で近似できる．この分布関数の詳細は，【付録 A4】で述べた．

2.2.2　絶縁体，半導体，金属の違い

図 2.13(a) は，**絶縁体** (insulator) のエネルギーバンド図である．絶縁体では，エネルギーギャップ E_g が 5 eV 以上ある．E_g が大きいと，価電子帯と伝導帯との間のエネルギー差が大きい．このため，高温にしても価電子帯から伝導帯へ移るだけの熱エネルギーを電子が受け取れない．したがって，伝導帯には電子が存在せず，電流が流れない．E_F は，エネルギーギャップのほぼ中央に位

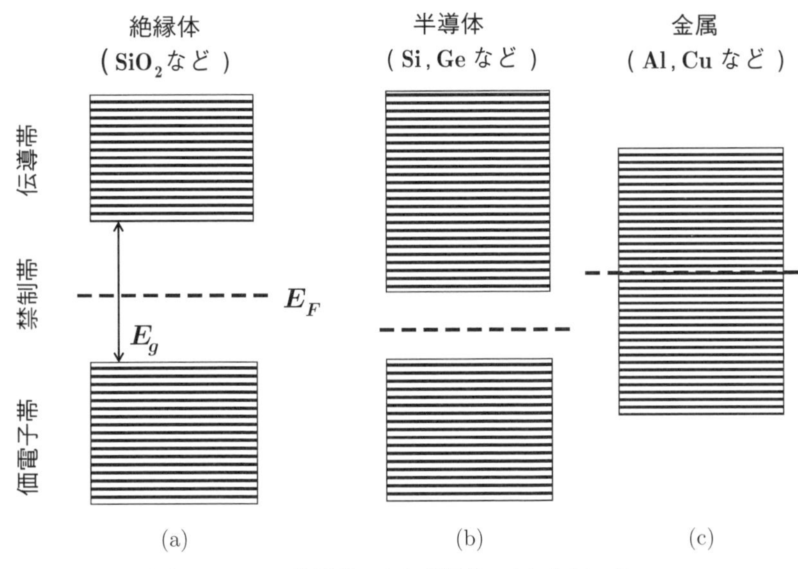

図 2.13　(a) 絶縁体，(b) 半導体，(c) 金属の違い．

置する[14]．これは，価電子帯は電子が占有していて占有率 f の値は 1 となり，一方伝導帯では f は 0 であるためである．つまり，エネルギーギャップの中央付近で，f は 1/2 となる．Si を酸化した SiO_2 の E_g は 9 eV であり，絶縁体である．

14　厳密には，後で (2.4) 式に示すように，E_F はエネルギーギャップの中央から若干ずれる．

(b) の半導体も価電子帯は電子が占有している．しかし，E_g は 3.5 eV 以下で，熱などのエネルギーで電子が価電子帯から伝導帯へ移れば電流が流れる．抵抗の温度依存性は金属と逆である．温度を上げれば，伝導帯の電子数が増え電流が流れやすくなり，抵抗が下がる．エネルギーバンド図からすれば絶縁体と半導体は E_g が違うだけである．Si の E_g は 1.1 eV（室温）で，絶縁体に比べて E_g が小さい．

(c) の金属では禁制帯がなく，価電子帯と伝導帯が重なっている．電子が自由に動き，電流が流れる．

この項をまとめると，絶縁体と半導体では禁制帯があるが，金属では禁制帯がない．半導体は E_g が小さいために，熱エネルギーなどで電子が価電子帯から伝導帯へ移ることができ電流が流れる．禁制帯があるという点では，半導体は半絶縁体といったほうがいいかもしれない．

2.2.3　真性半導体

半導体として，まず異種の不純物原子を含まないものから説明しよう．この半導体を**真性** (intrinsic) または ***i* タイプ**半導体という．図 2.14 は，i タイプ半導体のエネルギーバンド図である．2.2.1 項で述べたように，室温での熱エネルギーは 0.026 eV である．価電子帯の電子はこの熱エネルギーを得て，1.1 eV の

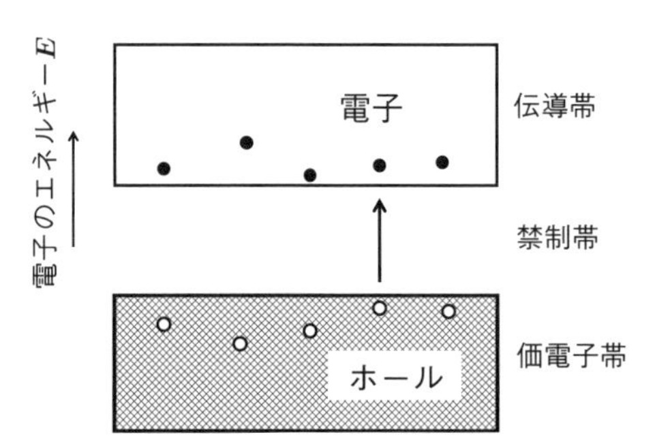

図 **2.14**　真性半導体のエネルギーバンド図.

エネルギーギャップ E_g を (2.1) 式に示した確率で超えて伝導帯に上がる．価電子帯で電子の“抜けた孔”をホールという．電子は負の電荷を持つが，電子の抜けた孔であるホールは正の電荷を持つかのように振る舞う．伝導帯の電子と価電子帯のホールはペアで発生しており，電子とホールの数は等しい.

伝導帯の電子密度 n と価電子帯のホール密度 p を計算しよう．図 2.15(a) は，Si のエネルギーバンド図である．ここで，E_C は伝導帯の下端のエネルギーで，E_V は価電子帯の上端のエネルギーである．n と p を求めるためには，各エネルギーでの電子およびホールの状態（state）の数とそこを占有する確率が分かればよい．つまり，電子およびホールが入れる座席の数とその席が埋まる確率から，n と p が算出できる.

占有する確率は，(b) のフェルミ・ディラック分布関数 $f(E)$ で与えられる．2.2.2 項で述べたように，E_F はエネルギーギャップのほぼ中央に位置する.

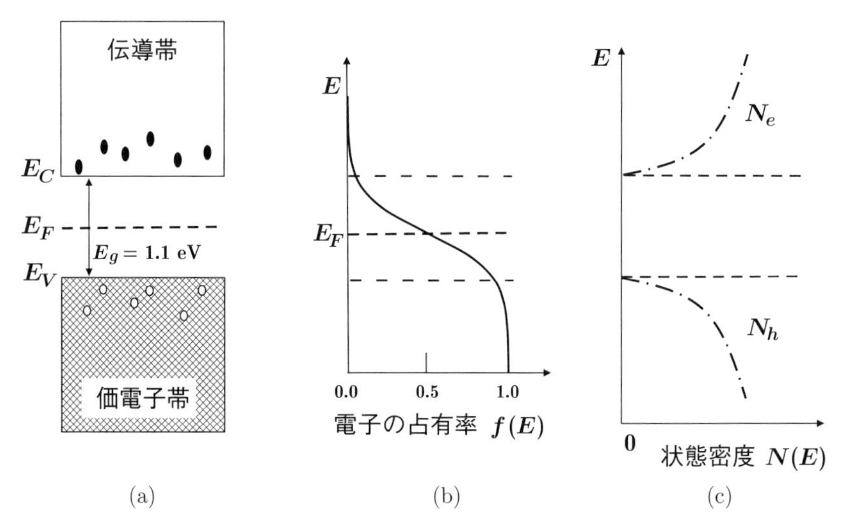

図 **2.15**　(a) i タイプ半導体のエネルギーバンド図，(b) フェルミ・ディラック分布関数と (c) 状態密度.

電子の状態の数は，(c) の**状態密度** (density of states) $N(E)$ で与えられる．状態密度とは，単位体積当たりの単位エネルギー領域の電子の状態数である [15]．$N(E)$ は，エネルギー E に対し $\sqrt{E}$ で増加する．伝導帯の電子の状態密度が $N_e(E)$ で，価電子帯のホールの状態密度が $N_h(E)$ である．

15　平たくいえば，あるエネルギー範囲に電子が入れる座席の数である．

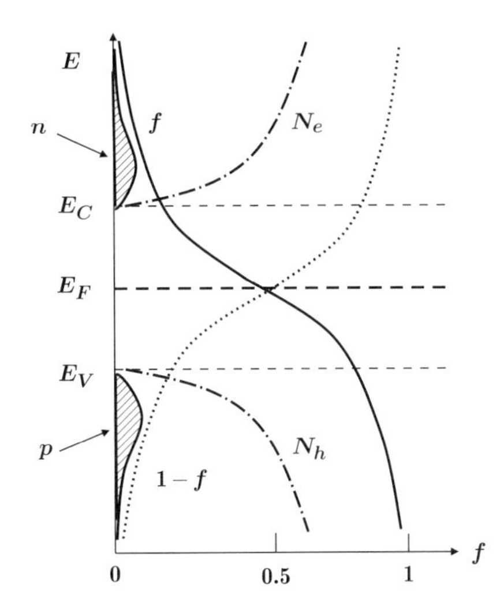

図 **2.16**　電子とホールのエネルギー分布．

図 2.16 に電子とホールのエネルギー分布をハッチング [16] して示す [17]．電子密度 n は状態密度 $N_e(E)$ に占有率 $f(E)$ をかけて，伝導帯の下端 E_C から上のエネルギーで積分すれば求まる [18]．同様に，ホール密度 p も価電子帯の上端 E_V から下のエネルギーで積分すれば求まる．n と p は，以下のように書ける．導出の詳細は，【付録 A5】で述べた．

$$n = n_i e^{\frac{E_F - E_i}{kT}} \tag{2.2}$$

$$p = n_i e^{\frac{E_i - E_F}{kT}} \tag{2.3}$$

ここで，n_i は i タイプ半導体の**キャリア** (carrier)[19] 密度で**真性キャリア密度** (intrinsic carrier density) とよばれる．この式は一般的に成り立ち，i タイプのみならず n および p タイプ半導体の電子とホールの密度（n と p）を表す．

E_i は i タイプ半導体のフェルミレベルで，

$$E_i = \frac{E_V + E_C}{2} + \frac{kT}{2} \ln \frac{N_V}{N_C} \tag{2.4}$$

と表される．ここで，N_C と N_V は伝導帯と価電子帯の **有効状態密度** (equivalent density of states)[20] である．(2.4) 式の右辺の第 1 項はエネルギーギャップ E_g の中央を意味し，第 2 項の分だけ E_i は E_g の中央から若干ずれる．

16　細かい平行線を引いた部分である．

17　分かりやすくするために，図 2.15(b) と図 2.16 は高温での占有率 f を用いた．室温 ($T = 300\,\mathrm{K}$) での電子とホールのエネルギー分布は【付録 A5】に示した．

18　$E = E_C$ では座席数 N_e は 0 なので，占有率 f は高いが $n = 0$ である．E が高くなるほど N_e は増えるものの f は低下する．図 2.16 に示すように，ある E で n は極大となる．

19　電荷を運ぶという意味で，電子やホールをキャリアという．

20　N_C は，伝導帯に分布するすべてのエネルギーレベルが伝導帯の下端に集中したと考えたときの仮想的な状態密度で，単位体積当たりの状態数である．同様に，N_V も価電子帯に分布するエネルギーレベルが価電子帯の上端に集中したと考えたときものである．

2.2.4 n タイプと p タイプの半導体

21 p タイプと n タイプに関係するⅢ族とⅤ族を強調するため，背景を灰色とした．

表 2.1　周期律表[21]．

Ⅰ	Ⅱ	Ⅲ	Ⅳ	Ⅴ	Ⅵ	Ⅶ	Ⅷ
H							He
Li	Be	**B**	C	N	O	F	Ne
Na	Mg	Al	**Si**	**P**	S	Cl	Ar
K	Ca	Ga	Ge	**As**	Se	Br	Kr
Rb	Sr	In	Sn	Sb	Te	I	Xe
Cs	Ba	Tl	Pb	Bi	Po	At	Rn

22 電子は負（negative）電荷なので，電子が多い半導体を n タイプという．一方，ホールは正（positive）電荷なので，ホールが多い半導体を p タイプという．

23 Ⅷ族の Ne や Ar は価電子が 8 個あり，化学反応を起こしにくく安定で不活性ガスといわれた．現在は，希ガスといわれる．

ここでは不純物をドープして，電子を多くした n タイプ半導体とホールを多くした p タイプ半導体について説明する[22]．まず Si 結晶の話から始めよう．表 2.1 は周期律表である．物質の性質は価電子の数に深く関係する．周期律表は価電子数で物質を並べたものである．価電子が 8 個あると，物質は安定になる[23]．Si の価電子は 4 個である．Si では，図 2.17 に示すように電子を隣の Si と共有して，あたかも Si の周りには価電子が 8 個あるように結合する．これを**共有結合** (covalent bond) という．

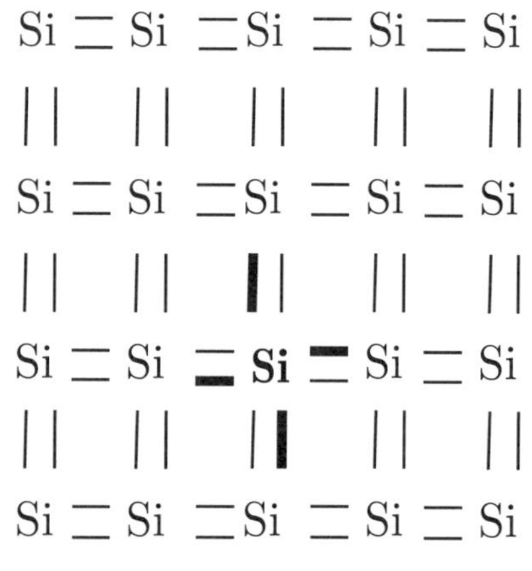

図 2.17　Si の共有結合．

Si 結晶に価電子が 5 個の V 族の不純物（ヒ素 As など）をドープすると，図 2.18(a) に示すように共有結合したときに電子が 1 個余る．この電子はたやすく Si から離れて自由電子となる．これを As が**イオン化** (ionization) するといい，

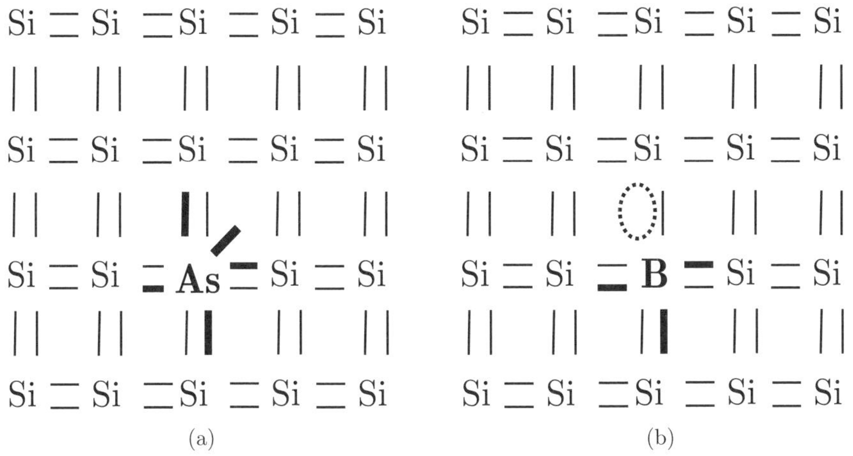

(a)　(b)

図 2.18　(a)As をドープした n タイプ半導体と (b)B をドープした p タイプ半導体.

$$\mathrm{As} \rightarrow \mathrm{As}^{+} + e \tag{2.5}$$

と表す．電荷的に中性の As は，負電荷の電子を離し正に帯電し As^{+} となる．

価電子が 3 個のⅢ族の不純物（ボロン B など）をドープすると，図 2.18(b) に示すように共有結合で電子が 1 個不足する．この電子の “抜けた孔” はホールとみなせる．B はイオン化して，B^{-} と正電荷のホールとなる．

$$\mathrm{B} \rightarrow \mathrm{B}^{-} + h \tag{2.6}$$

次に，As と B のイオン化をエネルギーバンド図を用いて説明する．

図 2.19 は，As を Si にドープしたときのエネルギーバンド図である[24]．ドープした不純物の As により，伝導帯近くにエネルギーレベルができる．これを**ドナーレベル** (donor level) といい E_D と表す．絶対零度では，電子はドナーレベルにいる．温度を上げると，電子はドナーレベルを離れ伝導帯に移り，電圧をかければ電流が流れる．電子を伝導帯に供給する（donate）ので，ドナーレベルという．As では E_D と E_C の差は 54 meV であり，室温で As はほとんどイオン化して As^{+} となる．

24　E_i は，2.2.3 項で説明した i タイプのフェルミレベルである．

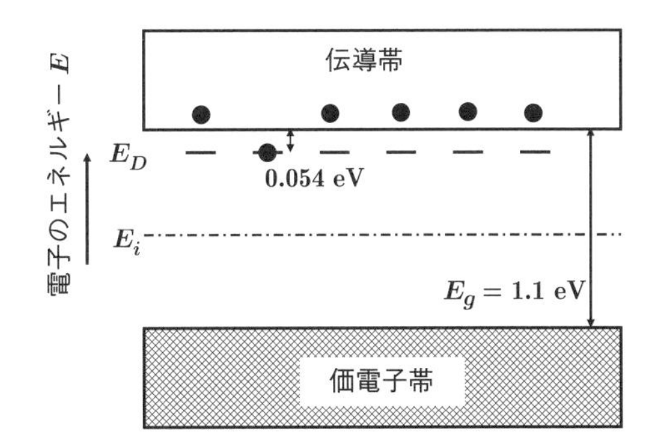

図 2.19　As をドープしたときのエネルギーバンド図.

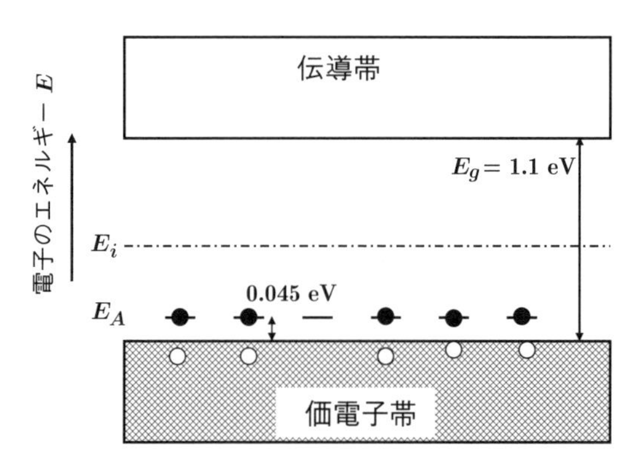

図 **2.20**　B をドープしたときのエネルギーバンド図.

B を Si にドープしたときのエネルギーバンド図が図 2.20 である．価電子帯近くにエネルギーレベルができる．これを**アクセプタレベル** (acceptor level) といい E_A と表す．アクセプタレベルは価電子帯から電子を受け取って (accept)，ホールを発生させる．B では E_A と E_V の差は 45 meV であり，B は室温でほとんどイオン化し B^- となる．

次に，電子の占有確率であるフェルミ・ディラック分布関数を用いて考えてみよう．図 2.21(a) は n タイプ半導体のエネルギーバンド図である．電子が多いので，占有確率が 1/2 となるフェルミレベル E_F は，E_i よりも上で E_C に近い側にある．n タイプ半導体は，図 2.21(b) に示すように n と p は等しくなく，電子密度 n が高い．E_F は不純物のドープ量と温度に依存する．絶対零度

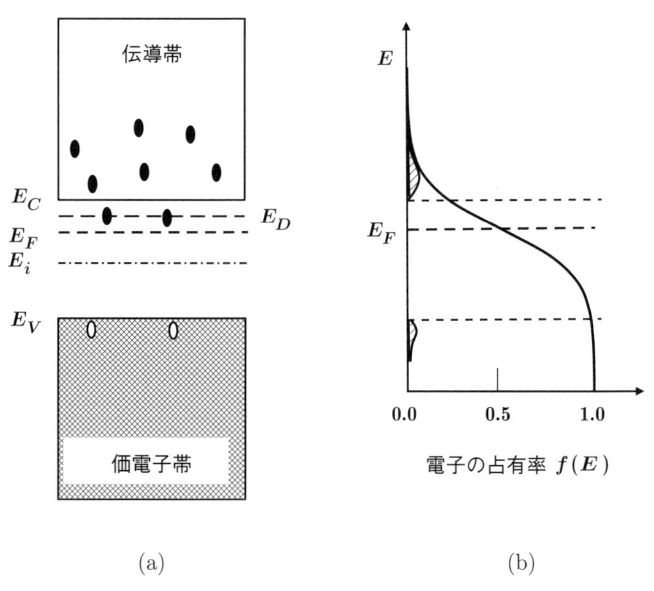

図 **2.21**　n タイプ半導体の (a) エネルギーバンド図と (b) フェルミ・ディラック分布関数.

($T = 0\,\mathrm{K}$) では，図 2.22 に示すように電子がドナーレベルにいるため，E_F は E_C と E_D の中央に位置する．温度を上げると，ドナーレベルの電子が伝導帯に移る．さらに温度を上げると，価電子帯から伝導帯に移る電子が増え E_F は E_i に近づく．

図 2.23 は，p タイプ半導体の場合である．ホールが多いので，E_F は E_i よりも下で E_V に近い側にある．p タイプ半導体はホール密度 p が高い [25]．

25　$T = 0\,\mathrm{K}$ の場合についても考えてみよう．この場合，価電子帯にホールはない．E_F は E_V と E_A の中央に位置する．

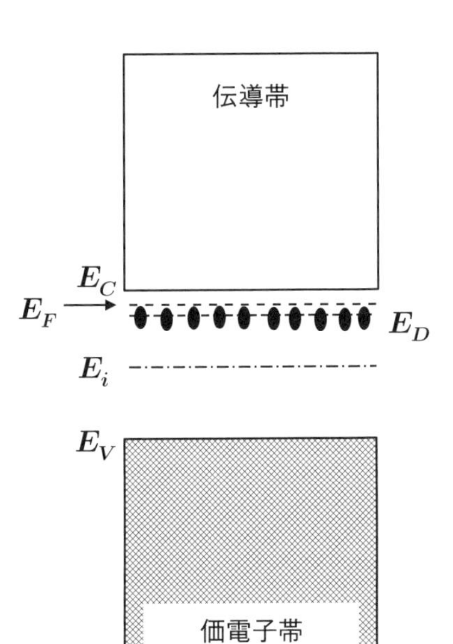

図 **2.22**　絶対零度 ($T = 0\,\mathrm{K}$) での n タイプ半導体のフェルミレベル E_F．

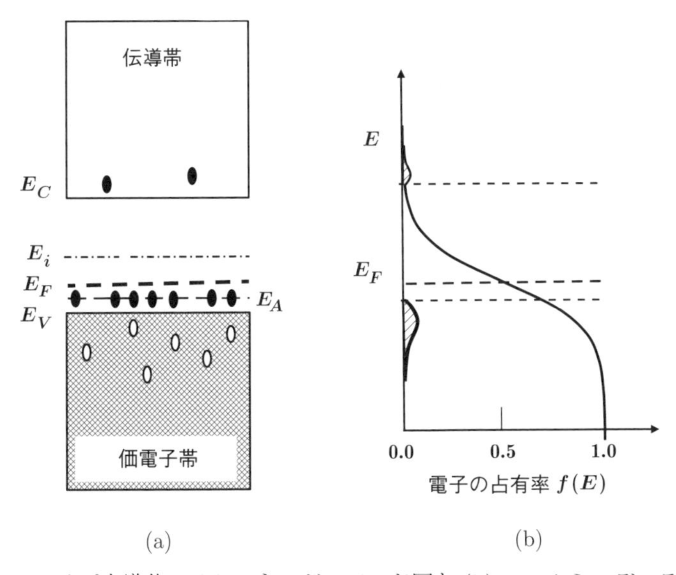

図 **2.23**　p タイプ半導体の (a) エネルギーバンド図と (b) フェルミ・ディラック分布関数．

2.3　電荷中性条件と質量作用の法則

これまでに，i タイプ半導体に続いて n および p タイプ半導体を学んだ．次に，熱的に平衡で電荷的に中性な状態での電子とホールの密度を求めよう．

この節では，次の問題を解けるようにする．

> **問題 2.1**：Si の i タイプ半導体に，As を $10^{15}\mathrm{cm}^{-3}$，B を $10^{13}\mathrm{cm}^{-3}$ ドープした[26]．
> (1) この半導体のタイプは何か（n，p または i）？
> (2) この半導体の**熱平衡** (thermal equilibrium)[27] 状態で温度が 300 K での電子密度 n とホール密度 p を求めよ．

これは，電荷中性かつ熱平衡状態での n と p を求めるという半導体デバイスの基礎となる問題である．この問題を解くには，電荷中性条件と質量作用の法則という 2 つを用いる．

26　As を $10^{15}\mathrm{cm}^{-3}$ ドープするとは，1 cm の立方体に 10^{15} 個の As があるということである．非常に多いと感じるかもしれないが，この濃度は 1 辺 100 nm の立方体に As が 1 個である．$10^{18}\mathrm{cm}^{-3}$ なら，1 辺 10 nm の立方体に As が 1 個である．自分が通常使う寸法で考えることが大事である．

27　熱以外に光や電圧などのエネルギーが加えられておらず，そのまま放置しても，それ以上何の変化も起きない状態を熱平衡状態という．

2.3.1　電荷中性条件

まず**電荷中性** (charge neutrality) 条件を説明する．これは，半導体が電荷的に中性つまり 0 であることを意味する．電荷が 0 ならそこから電界は発生せず，エネルギー的にも最小である．電荷中性条件は，次式で与えられる[28]．

$$\begin{aligned}\rho &= q(p - n + N_d^+ - N_a^-)\\ &= 0\end{aligned} \tag{2.7}$$

ここで，q は素電荷 (1.60×10^{-19} C)，N_d^+ はイオン化したドナー濃度，N_a^- はイオン化したアクセプタ濃度である．正電荷が p と N_d^+ で，負電荷が n と N_a^- である．

28　重要な式を枠で囲んだ．

2.3.2　質量作用の法則

次に，**質量作用の法則** (law of mass action)[29] を説明する．これは次式で与えられる．

$$pn = n_i^2 \tag{2.8}$$

ここで，真性キャリア密度 n_i は室温 (300 K) で $1.0 \times 10^{10}\mathrm{cm}^{-3}$ である[30]．質量作用の法則の意味を図 2.24 を用いて説明する．熱などのエネルギーを得ると，(a) に示す価電子帯にいる電子 e_{VB} はある割合で伝導帯に上がり，ホール h が価電子帯に発生する．つまり，(b) に示すように，伝導に寄与する伝導帯の

29　高校の化学で学ぶ．なお，law of mass action の mass を “質量” としたのは，誤訳である．mass は，“集合” や “濃度” という意味である．

30　室温 (300 K) の n_i は，以前は $1.45 \times 10^{10}\mathrm{cm}^{-3}$ という値が知られていた．1990 年に過去のデータを見直し，n_i は $1.08 \times 10^{10}\mathrm{cm}^{-3}$ という提案があった[4)]．n_i のような基本量でも検討が続いている[5)]．本書では $1.0 \times 10^{10}\mathrm{cm}^{-3}$ を用いる．

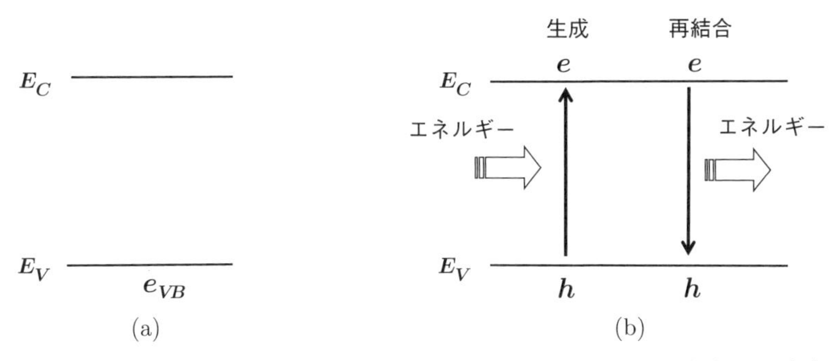

図 2.24　(a) 価電子帯の電子 e_{VB} と (b) 電子 e とホール h の生成と再結合.

電子 e と価電子帯のホール h がペアで**生成** (generation) する．これとは逆に，伝導帯の電子 e が価電子帯のホール h と**再結合** (recombination) することも起きる．このとき，エネルギーを放出する．伝導帯の電子 e は，価電子帯に戻って e_{VB} となる．熱平衡状態では，生成と再結合がバランスしている．これを化学反応式のように次式で表す．

$$e_{VB} \rightleftharpoons e + h \tag{2.9}$$

質量作用の法則の詳細は，【付録 A6】で述べる．(2.8) 式の質量作用の法則は，ドープ量に依存せず pn 積が一定であることを意味する重要な結論である．たとえば，As をドープすると n が増えて p が減少するが，pn 積は n_i^2 で一定である．

2.3.3　電子とホールの密度

さて，問題 2.1 を解くには，電荷中性条件と質量作用の法則を連立して解けばよい．N_d^+ と N_a^- は問題 2.1 で与えられ n_i は分かっているので，(2.7) 式と (2.8) 式から n と p を求めれば次式のようになる．

$$n = \frac{N_d^+ - N_a^- + \sqrt{\left(N_d^+ - N_a^-\right)^2 + 4n_i^2}}{2} \tag{2.10}$$

$$p = \frac{N_a^- - N_d^+ + \sqrt{\left(N_a^- - N_d^+\right)^2 + 4n_i^2}}{2} \tag{2.11}$$

N_d^+ が N_a^- よりも多い場合，電子がホールよりも多い．この場合，n タイプ半導体になり，多い電子を**多数キャリア** (majority carrier)，少ないホールを**少数キャリア** (minority carrier) という．問題 2.1 のように $N_d^+ - N_a^- \gg n_i$ なら，多数キャリアである電子は，

$$n \approx N_d^+ - N_a^- \tag{2.12}$$

となる．さらに $N_d^+ \gg N_a^-$ なら，

$$n \approx N_d^+ \tag{2.13}$$

となる．多数キャリアは，主に電荷中性条件で決まっている [31]．一方，少数キャ

31　(2.7) 式の電荷中性条件を満たすために，多数キャリアで負電荷の n は正電荷の N_d^+ と等しくなる．

リアは質量作用の法則から求められ，n が (2.13) 式で与えられるなら

$$p \approx \frac{n_i^2}{N_d^+} \tag{2.14}$$

となる．

したがって，問題 2.1 の解は以下のようになる．

(1) この半導体は，n タイプ．
(2) $n = 10^{15}\text{cm}^{-3}$，$p = 10^5\text{cm}^{-3}$．

解は得られたが，この物理的意味を考えてみよう．

As を 10^{15}cm^{-3} と B を 10^{13}cm^{-3} ドープした瞬間を仮想的に考えてみる．図 2.25(a) に示すように，n は 10^{15}cm^{-3} で p は 10^{13}cm^{-3} となる．しかし，これだと pn 積は 10^{28}cm^{-6} となり，熱平衡値 n_i^2 の 10^{20}cm^{-6} に比べて過剰に電子やホールがいることとなる．このため再結合が起き，(b) に示す問題 2.1 の解の熱平衡状態に落ち着く [32]．

32　再結合の前後で電子が 10^{15}cm^{-3} で変わらないのに比べ，ホールは再結合で 10^{13}cm^{-3} から 10^5cm^{-3} に激減したように思える．正しくは，電子も再結合で 10^{15}cm^{-3} から (2.12) 式の $10^{15} - 10^{13}\text{cm}^{-3}$ に減少する．ただし，$10^{15} \gg 10^{13}$ であり，10^{15}cm^{-3} と近似できる．演習問題 [2.6] 参照．

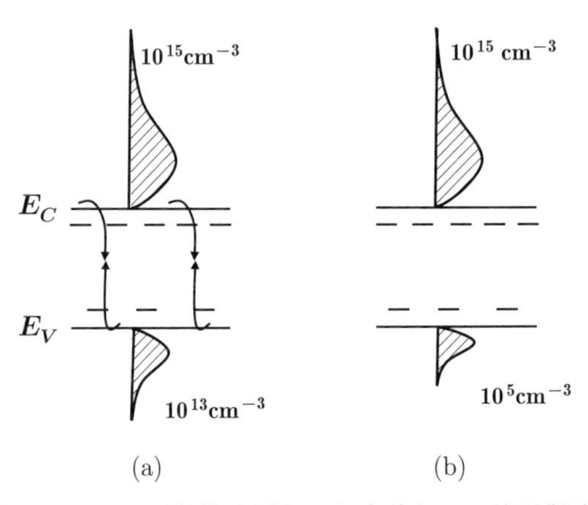

図 2.25　(a) 不純物を添加した直後と (b) 熱平衡時．

ここまでで，覚えることは以下の 4 つである．

・Si の価電子は 4 個で，共有結合．
・As の価電子は 5 個．
・B の価電子は 3 個．
・n_i は室温 (300 K) で 10^{10}cm^{-3}．

他のことは，理解すれば覚える必要はない．研究者や技術者にとって大事なことは，本質を理解していることである．

2.4　拡散とドリフト

電流は，濃度勾配による**拡散** (diffusion)[33] と電界 E による**ドリフト** (drift)[34] で流れる．図 2.26 を用いて，この 2 つを説明する．

33　拡散の本質は，個々の粒子がランダムに動くことである [6]．これを random walk という．巨視的にみると，濃度の濃い所から薄い所へ流れているように見える．

34　外力（電界）に作用されて移動する現象を意味する．

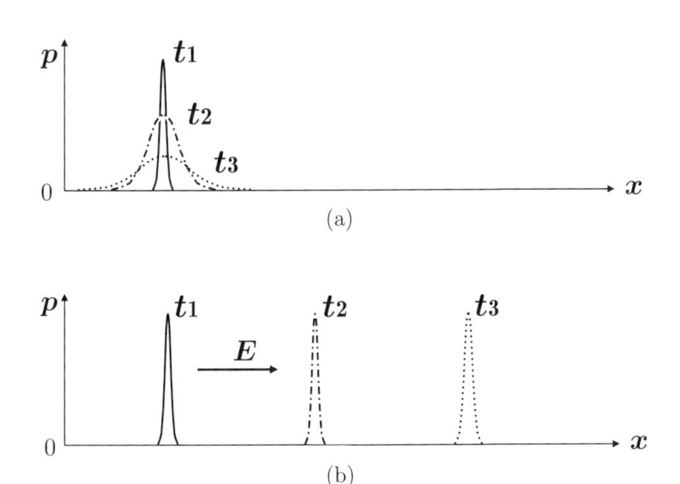

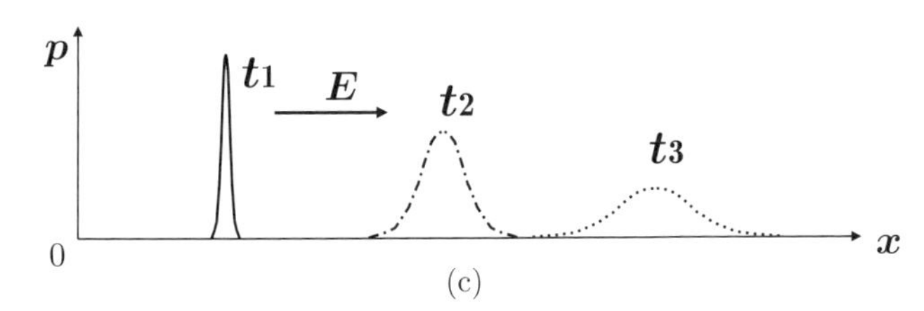

図 2.26　拡散とドリフト．(a) 拡散だけの場合，(b) ドリフトだけの場合，(c) 拡散とドリフトが両方ある場合．

図 2.26 は，縦軸がホール密度 p で横軸は位置 x である．時刻 t_1 にホールを置く．(a) の拡散だけで流れる場合，ホールの分布は時間が t_1，t_2，t_3 と進むにつれてホール密度の薄い所へ向かって横に拡がっていく．(b) のドリフトだけの場合，ホールの分布の形は変わらず時間と共に電界の向きに進む．(c) の拡散とドリフトが両方ある場合，ホールの分布は拡がりながらドリフトによって時間と共に電界の向きに進んでいく．

例を使って，拡散とドリフトを確認しよう．t_1 で香水を置き，すぐ取り去ったとしよう．風がなく拡散だけの場合，香水の香りは時間と共に横に拡がっていく（拡散）．もし強い風が吹いていたとすると，香りは風上から風下へ動いていく（ドリフト）．風上にいたら，まったく香りはしない．この例では，風が電界に対応している．

電流は，断面を単位時間に通過する電荷量である．つまり，図 2.27 で断面 A を時間 Δt の間に電荷 ΔQ_t が通過すると，電流 I は次式で与えられる．

$$I = \frac{\Delta Q_t}{\Delta t} \tag{2.15}$$

電流は拡散とドリフトで流れる．電流 I を断面積 A で割った単位面積当たりの**電流密度** (current density)J で表すと，J は拡散成分 J_{diff} とドリフト成分 J_{drift} の和である．

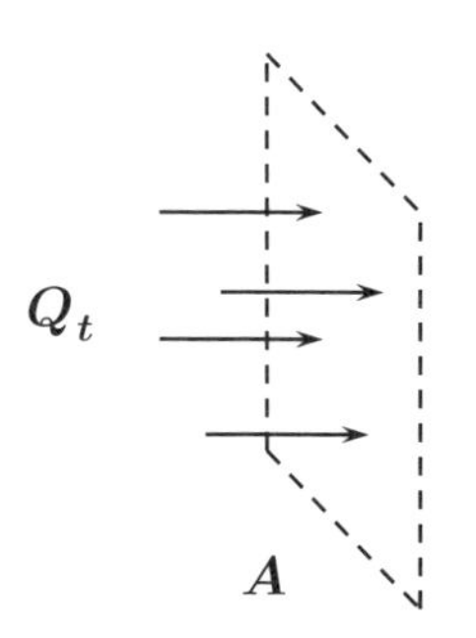

図 **2.27**　電流の定義の説明.

$$J = \frac{I}{A} = J_{diff} + J_{drift} \tag{2.16}$$

2.4.1　拡散電流

拡散電流は，濃度の勾配 dp/dx に比例して，濃い所から薄い所へ流れる．ホールの拡散電流密度 $J_{diff,h}$ は，

$$J_{diff,h} = qD_h\left(-\frac{dp}{dx}\right) \tag{2.17}$$

で与えられる．ここで，D_h はホールの**拡散係数** (diffusion coefficient) である．(2.17) 式の負の符号は，電流がホール密度の高い所から低い所へ，密度が減る方向に流れることを意味する．図 2.28 のようにホールが分布しているとき，点 A で微分 dp/dx は正であるがホールは負の向きに流れる．このため，(2.17) 式で負の符号となる．

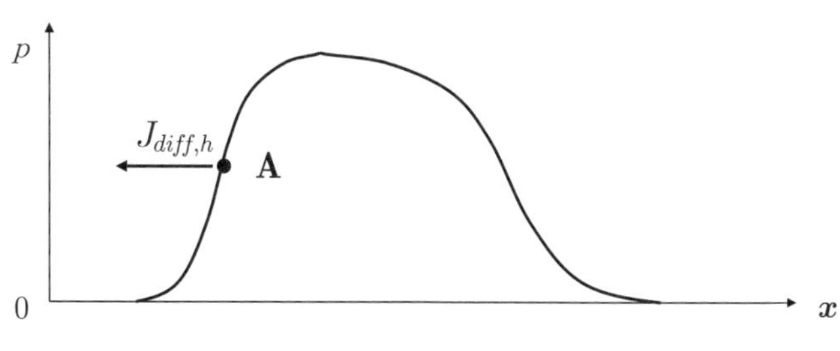

図 **2.28**　拡散電流.

2.4.2　ドリフト電流

ドリフト電流は，電界 E により流れる．速度 v なら，単位時間に距離 v 進む．つまり，図 2.29 に示すようにドリフトで単位時間に通過する電荷量であるドリフト電流密度は，

$$J_{drift} = Q \cdot v \tag{2.18}$$

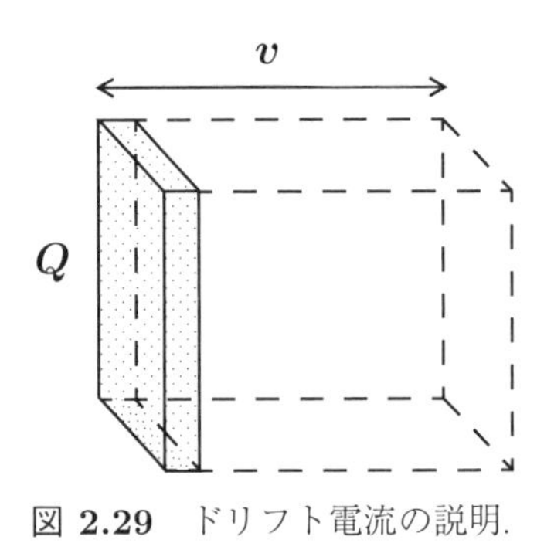

図 2.29　ドリフト電流の説明.

となる．ここで，Q は単位体積当たりの電荷である [35]．

図 2.30 は，キャリアの速度 v の電界 E 依存性である．低電界では，電界に比例して速度が増える．

$$v = \mu_h E \tag{2.19}$$

ここで，μ_h をホールの**移動度** (mobility) という [36]．移動度は，熱振動をしている Si 格子やイオン化した不純物との**散乱** (scattering) などで決まる．一方，高電界では電界によるエネルギーがすべてキャリアに与えられるというわけではなく，Si 格子などに散逸する．電界が 2×10^4 V/cm 程度になると，速度 v は**飽和速度** (saturation velocity)v_{sat} で飽和する [37]．この電界は，20 kV を 1 cm に印加したときのものである．この高電界は半導体ではありえないと考える読者もいると思う．しかし，2×10^4 V/cm は 2 V を 1 μm に印加することと同じである [39]．これは，十分あり得る状況である．常に，普段使う寸法に変えてみることが重要である．

低電界に話を戻すと，ホールのドリフト電流密度 $J_{drift,h}$ は次式で与えられる．

$$J_{drift,h} = qp \cdot \mu_h E \tag{2.20}$$

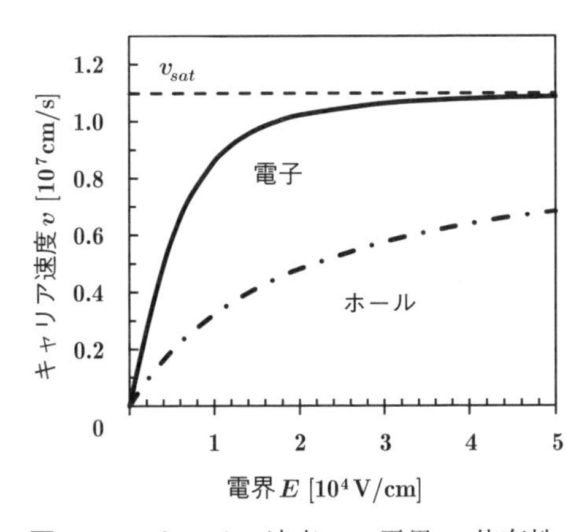

図 2.30　キャリア速度 v の電界 E 依存性.

35　電流 I ならば Q は単位長さ当たりの電荷である（(6.1) 式参照）．しかし，単位面積での電流密度なので，Q は単位体積当たりの電荷密度 (charge density) となる．

36　拡散係数 D と移動度 μ の間には，$D = (kT/q)\mu$ というアインシュタインの関係式 (Einstein's relation) がある．ただし，この関係式はマクスウェル・ボルツマン分布と電界が低いことを前提としている [7]．このため，高不純物濃度や高電界では成り立たない．

37　ホールの**有効質量** (effective mass)[38] は電子より重いため，ホールの v_{sat} は電子より低い．

38　結晶内の電子は周期的なポテンシャルの影響を受けて，真空中の自由電子の（静止）質量よりも小さい質量を持つように振舞う．したがって，結晶内の電子を式の上で自由電子と同じように扱うための実効的な質量を有効質量という．ホールも同様である．

39　キャリア速度の測定は一定電界で行い，定常状態である．実際のデバイスでは，“局所的” に高電界になる．このため，飽和速度よりも速くなる．これを非定常輸送という．

2.4.3　電子とホールの電流密度

ホール電流密度 J_h は，(2.17) 式の拡散成分と (2.20) 式のドリフト成分を合わせて，

$$J_h = qD_h\left(-\frac{dp}{dx}\right) + qp \cdot \mu_h E \tag{2.21}$$

となる．同様に，電子電流密度 J_e は

$$\begin{aligned} J_e &= -qD_e\left(-\frac{dn}{dx}\right) - qn \cdot \mu_e\,(-E) \\ &= qD_e\frac{dn}{dx} + qn \cdot \mu_e E \end{aligned} \tag{2.22}$$

となる．ここで，D_e は電子の拡散係数，μ_e は電子の移動度である．なお，電子は負電荷であり，J_h を表す（2.21）式の q は，J_e の（2.22）式では $-q$ になっている．さらに，電子は電界と逆向きにドリフトする．このため，(2.22）式では $-E$ となっている．

2.5　静電場の基本式

ここでは，半導体の特性の理解に必要な**静電場** (electrostatic field) の基本式について必要最小限の内容を説明する．

2.5.1　静電場の基本式

図 **2.31**　電荷 Q と電界 E.

図 2.31 に示すように，絶縁物中に 2 つの電荷があるとき，$+Q$ の電荷から $-Q$ に向け電界 E が発生する．電荷が電界という “**場** (field)” を作る．たとえば，正電荷のホールをこの場に置くと，$-Q$ の方向つまり E の方向へ動く．負電荷の電子を置くと $+Q$ の方向つまり E と逆の方向へ動く．

ファラデーが電界の様子を一見して明らかにする目的で，**電気力線** (line of electric force) を提案した．電気力線は仮想的な線であり，粗密が電界の強さを表す．Q から Q/ε 本の電気力線が出ていると考える．ここで，ε は**誘電率** (permittivity) であり，物質によって異なる．電界の強さは，単位面積を通り抜ける電気力線の本数である（面密度）．図 2.32 では，N 本の電気力線が面積 A を通り抜けているので，E は N/A となる．

電荷密度 (charge density)ρ と電界 E と電位 ϕ の関係を以下に示す．これらが，エネルギーバンド図に反映されている．3 次元問題であるが，簡単化のた

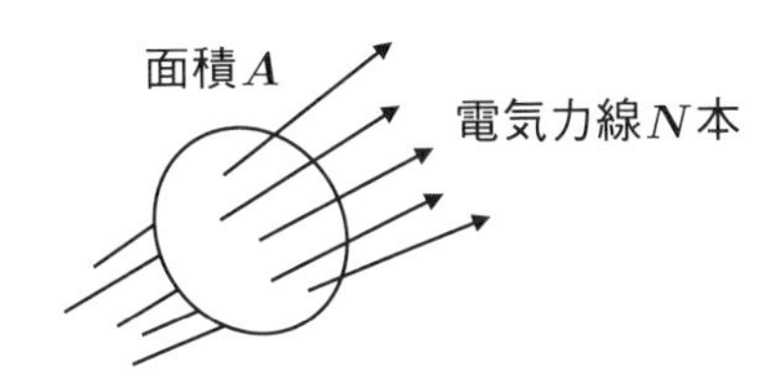

図 **2.32**　電界強度を表す電気力線.

め 1 次元で考える．ほとんどの半導体デバイスでは，磁束密度 B の時間変化を無視できる．このような "場" を静電場という．静電場では，電界 E は電位 ϕ を用いて次式で表せる [36].

$$E = -\frac{d\phi}{dx} \tag{2.23}$$

この式の負の符号は，拡散電流の (2.17) 式の負符号と同様に，E が ϕ の高い所から低い所へ向かっていることを意味する．電位分布が図 2.33 のとき，点 A で微分 $d\phi/dx$ は正であるが，E は負の向きとなる．E の向きを表すため，(2.23) 式で負符号になっている．E を積分すると，ϕ になる．なお，通常電位の基準点として無限遠を 0 V とする．

36　マクスウェル方程式 (Maxwell's equations) の 1 つの $\nabla \times \boldsymbol{E} = -\frac{\partial \boldsymbol{B}}{\partial t}$ で，$\boldsymbol{B}$ の時間変化を無視できるなら $\nabla \times \boldsymbol{E} = 0$ となる．この場合，$\boldsymbol{E} = -\nabla\phi$ となる静電ポテンシャル ϕ が存在する [8)]．ベクトルである $\boldsymbol{E}$ をスカラーである ϕ で表せることは有用である．

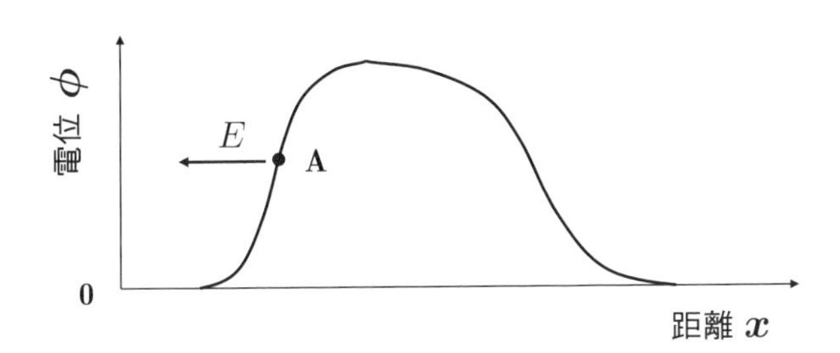

図 **2.33**　電位 ϕ と電界 E の向き.

ρ と E の関係を表すものが，**ポアソン方程式** (Poisson's equation) である [37]．1 次元では，

$$\frac{dE}{dx} = \frac{\rho}{\varepsilon} \tag{2.24}$$

となる．式は微分形よりも積分形のほうが物理的意味が分かりやすいので積分すると，電荷密度 ρ を積分した電荷を Q として，電界 E は 1 次元では電気力線の本数 Q/ε となる．つまり，ρ を積分すると E に比例し，さらに E を積分すると ϕ になる．

37　ポアソン方程式は $\nabla \cdot (\varepsilon \boldsymbol{E}) = \rho$ と表される．これを体積 V で積分しガウスの定理を適用すると，$\int \boldsymbol{E} \cdot d\boldsymbol{S} = \frac{1}{\varepsilon}\int \rho dV$ となる．ここで，右辺は体積 V 中の電荷 Q を誘電率 ε で割った Q/ε である．左辺は体積 V の表面 S から出て行く電気力線を表している．

2.5.2　電荷密度，電界，電位の図解

ここでは，前項で説明した電荷密度 ρ，電界 E そして電位 ϕ の関係を単純な1次元の場合で図解する．

まず ρ の分布から E を図解する．図 2.34 は，ρ の分布がデルタ関数[38] の場合である．位置 x_0 に正電荷 Q がある[39]．一方，x_1 に負電荷 $-Q$ がある．図 2.35(a) は電界 E で，$x < x_0$ では電気力線はなく E は 0 である．$x_0 \leq x \leq x_1$ には Q/ε 本の電気力線があり，E は Q/ε で一定である．$x > x_1$ で電気力線はなく E は 0 である．(b) は，E を積分した電位 ϕ である．$x < x_0$ と $x_1 < x$ で ϕ は一定で，$x_0 \leq x \leq x_1$ で ϕ は直線的に減り x の1次関数となる．$x > x_1$ で ϕ は 0 である．

38　デルタ関数 $\delta(x)$ は，$x = 0$ の1点で無限大，それ以外では 0 であり，$\delta(x)$ を全領域で積分すれば有限の値 1 となる ($\int_{-\infty}^{\infty} \delta(x)dx = 1$)．したがって，$x = x_0$ だけが Q となることは，$f(x) = Q \cdot \delta(x - x_0)$ と表せる ($\int_{-\infty}^{\infty} f(x)dx = Q$)．

39　1次元なので，Q は単位断面積当たりの面密度を表す．つまり，紙面に垂直な平面上に面密度 Q で一様に分布している．

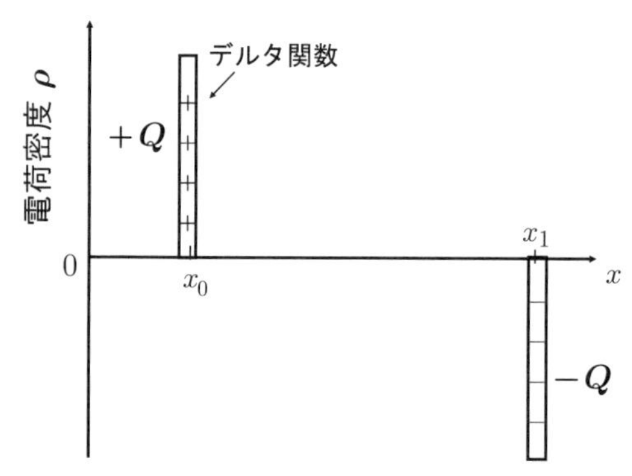

図 **2.34**　電荷 Q（面密度）がデルタ関数で分布している場合．

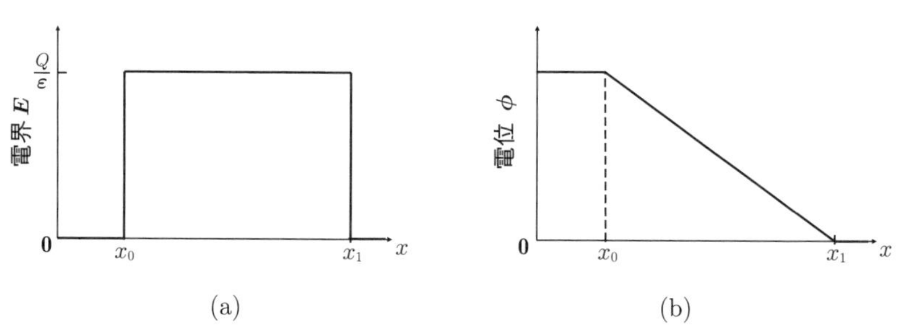

図 **2.35**　電荷 Q（面密度）がデルタ関数で分布している場合の (a) 電界 E と (b) 電位 ϕ.

次に，電荷が図 2.36 に示すように正の電荷密度 ρ_0 が長さ L で分布し，x_1 に負電荷 $-\rho_0 L$ がある場合である．このとき，$0 \leq x \leq x_1$ の範囲の電界 E と電位 ϕ を考えよう（導出の詳細は [演習 2.8] とした）．

$0 \leq x \leq L$ で x と共に電気力線の本数は増え，図 2.37(a) に示すように，電界 E は線形に大きくなる．これを式で表すと，0 から x まで (2.24) 式を積分して，

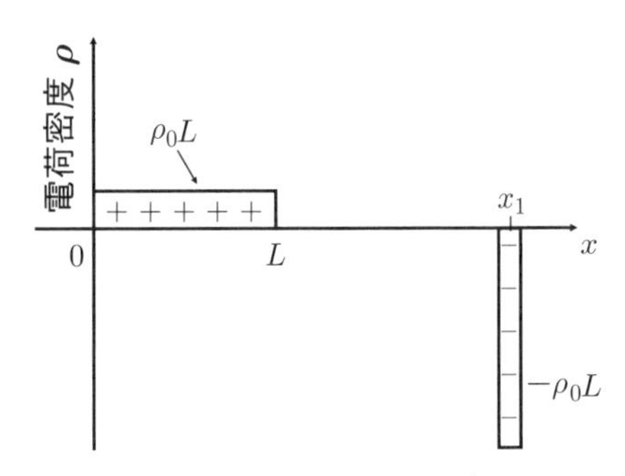

図 2.36　電荷密度 ρ_0 が長さ L で分布している場合.

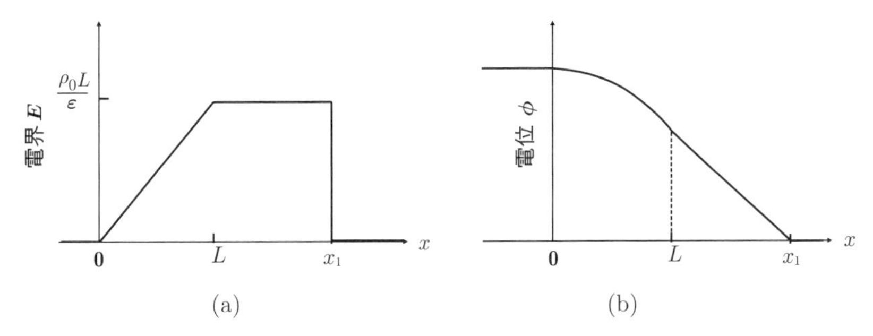

図 2.37　電荷密度 ρ_0 が長さ L で分布している場合の (a) 電界 E と (b) 電位 ϕ.

$$
\begin{aligned}
E(x) &= \frac{1}{\varepsilon}\int_0^x \rho_0 dx' \\
&= \frac{\rho_0}{\varepsilon}x
\end{aligned}
\tag{2.25}
$$

となり，E は x の 1 次関数となる．なお，$L \leq x \leq x_1$ では，E は一定で $\rho_0 L/\varepsilon$ である．

電位 ϕ は，図 2.37(b) に示すように，E を積分して $0 \leq x \leq L$ で x の 2 次関数になり，$L \leq x \leq x_1$ では x の 1 次関数となる．なお，この 2 次関数をその形から“上に凸”の 2 次関数という．

この節では，静電場の基本式を学んだ．電荷密度 ρ，電界 E，電位 ϕ の関係は，エネルギーバンド図に反映される．次章の pn 接合ダイオードでは，図 2.36 と同じように電荷が板状に分布している場合のエネルギーバンド図を描く．

[2章のまとめ]

1. 電子は粒子と波の両方の性質を持つ.
2. 原子が孤立に存在している場合，電子の取れるエネルギーは連続的ではなく，“とびとび”の離散的なレベルになる.
3. 原子が結晶になるとエネルギーレベルが分裂し，このエネルギーレベルはほとんど連続的に存在するためエネルギーバンドとなる.
4. Si 結晶では最外殻の電子がいる価電子帯は，絶対零度では電子で満杯になっていて電流は流れない．熱などで電子が価電子帯から 1 つ上の伝導帯へ移れば電流が流れる．また，価電子帯と伝導帯の間を禁制帯といい，ここには電子は存在できない．禁制帯の間隔をエネルギーギャップ E_g という.
5. エネルギーレベルが電子で満たされる確率（占有率）は，フェルミ・ディラック分布関数で表される．占有率が 1/2 になるエネルギーをフェルミレベル E_F という.
6. 絶縁体，半導体，金属の違いは，エネルギーギャップ E_g などで説明できる.
7. i タイプ（真性）半導体では，熱などのエネルギーを得て電子は価電子帯から伝導帯へ移り，価電子帯にホールを残す.
8. Si 結晶に As など価電子が 5 個の不純物をドープすると，電子で伝導する n タイプ半導体になる． B など価電子が 3 個の不純物をドープすると，ホールで伝導する p タイプ半導体になる.
9. 電荷中性条件と質量作用の法則を用いて，電荷的に中性で熱平衡状態にある電子とホールの密度を算出できる.
10. 電流は，濃度勾配による拡散と電界によるドリフトで流れる.
11. 静電場では，電荷密度 ρ，電界 E と電位 ϕ に関係がある.

2章　演習問題

[演習 2.1] 原子が孤立に存在している場合，“とびとび” のエネルギーレベルになる．この理由を説明せよ．

[演習 2.2] 原子が結晶の場合，エネルギーバンドとなる．この理由を説明せよ．

[演習 2.3] フェルミレベル E_F について説明せよ．

[演習 2.4] 絶縁体，半導体，金属の違いを E_g などで説明せよ．

[演習 2.5] 下記 3 つの半導体（ケース 1〜3）について，問いに答えよ．温度は 300 K とする．

ケース 1： Si の i タイプ半導体に，As を $1 \times 10^{14} \mathrm{cm}^{-3}$ ドープした半導体

(a)　この半導体のタイプは何か（n，p または i）？

(b)　この半導体の熱平衡状態での電子密度 n とホール密度 p を求めよ．

ケース 2： Si の i タイプ半導体に，As を $1 \times 10^{14} \mathrm{cm}^{-3}$ と B を $1 \times 10^{15} \mathrm{cm}^{-3}$ 同時にドープした半導体

(a)　この半導体のタイプは何か（n，p または i）？

(b)　この半導体の熱平衡状態での n と p を求めよ．

ケース 3： Si の i タイプ半導体に，As を $1 \times 10^{14} \mathrm{cm}^{-3}$ と B を $1 \times 10^{14} \mathrm{cm}^{-3}$ 同時にドープした半導体

(a)　この半導体の熱平衡状態での n と p を求めよ．

[演習 2.6] ホール密度 p は (2.11) 式で表される．n タイプ半導体で $N_d^+ - N_a^- \gg n_i$ かつ $N_d^+ \gg N_a^-$ のとき，(2.11) 式は少数キャリアの p を表す (2.14) 式になることを導け．なお，$\sqrt{1+x}$ の近似式 $1 + \frac{1}{2}x$ を用いよ [40]．

40　この近似はテイラー展開とよばれる．$x \ll 1$ のとき，$x = 0$ の近傍で成り立つ．$\sqrt{1+x}$ と $1 + \frac{1}{2}x$ の 2 つをグラフに描くと，$\sqrt{1+x}$ が $x = 0$ の近傍で直線 $1 + \frac{1}{2}x$ で近似できることが直観的に分かる．

[演習 2.7] 拡散とドリフトについて説明せよ．

[演習 2.8] 電荷が，図 2.36 に示すように電荷密度 ρ_0（単位長さ当たり）で長さ L の板状に分布し，x_1 に $-\rho_0 L$ がある．このとき，$0 \leq x \leq x_1$ の範囲の電界 E と電位 ϕ を求めよ．なお，$\phi(x_1)$ は 0 V とする．

2章　演習問題解答

[解答 2.1] 原子が孤立に存在している場合，電子はポテンシャル井戸に閉じ込められている．壁が十分高い場合，壁面で電子の存在確率は 0 となる．この境界条件のために，電子の取りうるエネルギーは“とびとび”の離散的な値となる．

[解答 2.2] 原子が結晶の場合，原子核や電子の影響を受けエネルギーレベルが分裂する．N 個の原子を集めて結晶を作ると，N 個に分かれる．N が大きい場合，エネルギーレベルはほとんど連続的に存在するようになり，これがエネルギーバンドとなる．

[解答 2.3] E_F は，電子の存在する確率（状態の占有率）が 50%になるエネルギーである．

[解答 2.4] 絶縁体では価電子帯は電子が占有していて，さらに E_g が 5 eV 以上と大きく電流が流れない．半導体では価電子帯は電子が占有しているが，E_g は 3.5 eV 以下で熱などのエネルギーで電子が価電子帯から伝導帯へ移り電流が流れる．金属ではエネルギーギャップがなく，電子は自由に動き電流が流れる．

[解答 2.5] 3 つのケースについて解答する．

ケース 1：

(a)　As なので n タイプ
(b)　$n = 10^{14}\text{cm}^{-3}$, $p = n_i^2/n = 10^{20}/10^{14} = 10^6\text{cm}^{-3}$ である．

ケース 2：

(a)　B が多いので p タイプ
(b)　N_a^- と N_d^+ の差が小さいので，(2.12) 式に対応した式を使う．
$p = N_a^- - N_d^+ = 10^{15} - 10^{14} = 9 \times 10^{14}\text{cm}^{-3}$，$n = n_i^2/p = 10^{20}/(9 \times 10^{14}) = 1.1 \times 10^5\text{cm}^{-3}$ である．

ケース 3：

(a)　$N_d^+ - N_a^- = 0$ であり，(2.12) 式の前提となっている $N_d^+ - N_a^- \gg n_i$ は成り立たない．そこで，(2.10) 式に立ち戻ると，$n = n_i$ となる．同様に，(2.11) 式から $p = n_i$ である．したがって，$n = p = 10^{10}\text{cm}^{-3}$ である．

[解答 2.6] $N_d^+ - N_a^-$ を y として，(2.11) 式は

$$p = \frac{-y + \sqrt{y^2 + 4n_i^2}}{2} = \frac{y}{2}\left[-1 + \sqrt{1 + \left(\frac{2n_i}{y}\right)^2}\right] \tag{2.26}$$

と書ける．$n_i \ll y$ から近似式を用いて，

$$p \approx \frac{y}{2}\left[-1 + \left(1 + \frac{1}{2}\left(\frac{2n_i}{y}\right)^2\right)\right] \tag{2.27}$$

となる．したがって，

$$p \approx \frac{n_i^2}{N_d^+ - N_a^-} \tag{2.28}$$

となる [41]．さらに，$N_d^+ \gg N_a^-$ なので

$$p \approx \frac{n_i^2}{N_d^+} \tag{2.29}$$

となり，(2.14) 式が導ける．

41 (2.28) 式を導く際の仮定は，$N_d^+ - N_a^- \gg n_i$ である．したがって，もし $N_d^+ - N_a^-$ と n_i の差が小さい場合は，(2.11) 式に立ち戻らなければならない．なお，$N_d^+ - N_a^-$ が n_i の 3 倍なら，(2.28) 式の近似誤差は 10%である．n_i の 5 倍なら，近似誤差は 4%と小さくなる．

[解答 2.7] 拡散は，キャリアが濃度勾配で濃い所から薄い所へと移動する現象である（本質は random walk）．一方，ドリフトは電界によって電荷を持つキャリアが移動する現象である．

[解答 2.8] $0 \leq x \leq L$ で電気力線の本数は増え，図 2.37(a) に示したように，電界 E は線形に大きくなる（x の 1 次関数）．$L \leq x \leq x_1$ では，E は一定で $\rho_0 L/\varepsilon$ である．つまり，

$$E = \begin{cases} \dfrac{\rho_0}{\varepsilon}x & (0 \leq x \leq L) \quad (2.30) \\ \dfrac{\rho_0 L}{\varepsilon} & (L \leq x \leq x_1) \quad (2.31) \end{cases}$$

である．

電位 ϕ は，(2.23) 式に基づき E を積分する．ϕ は，図 2.37(b) に示すように，$0 \leq x \leq L$ で x の 2 次関数になり，$L \leq x \leq x_1$ では x の 1 次関数となる．つまり，

$$\phi = \begin{cases} \dfrac{\rho_0}{\varepsilon}\left(-\dfrac{1}{2}x^2 + c_1\right) & (0 \leq x \leq L) \quad (2.32) \\ \dfrac{\rho_0 L}{\varepsilon}(-x + c_2) & (L \leq x \leq x_1) \quad (2.33) \end{cases}$$

となる．ここで，c_1 と c_2 は積分定数である．次に，c_1 と c_2 を求める．電気力線はすべて負電荷に終端していて，$\phi(x_1) = 0\,\mathrm{V}$ である．したがって，

$$c_2 = x_1 \tag{2.34}$$

である．また，$x = L$ で (2.32) 式と (2.33) 式の ϕ が一致するため，

$$c_1 = L\left(x_1 - \frac{L}{2}\right) \tag{2.35}$$

となる．したがって，

$$\phi = \begin{cases} \dfrac{\rho_0 L}{\varepsilon}\left(-\dfrac{1}{2L}x^2 + x_1 - \dfrac{L}{2}\right) & (0 \leq x \leq L) \quad (2.36) \\ \dfrac{\rho_0 L}{\varepsilon}(-x + x_1) & (L \leq x \leq x_1) \quad (2.37) \end{cases}$$

である．$0 \leq x \leq L$ で，E は x の 1 次関数で，E を積分した ϕ は x の 2 次関数となる．なお，この 2 次関数をその形から“上に凸”の 2 次関数という．

位置 L での電位 $\phi(L)$ は，

$$\phi(L) = \frac{\rho_0 L}{\varepsilon}(x_1 - L) \tag{2.38}$$

である．これは，図 2.37(a) の電界分布で，$L \leq x \leq x_1$ の範囲の四角形の面積に対応する．一方，位置 0 での電位 $\phi(0)$ は，

$$\begin{aligned} \phi(0) &= \frac{\rho_0 L}{\varepsilon}\left(x_1 - \frac{L}{2}\right) \\ &= \phi(L) + \frac{\rho_0 L}{\varepsilon}\frac{L}{2} \end{aligned} \tag{2.39}$$

となる．(2.39) 式の第 2 項は，図 2.37(a) の電界分布で，$0 \leq x \leq L$ の範囲の三角形の面積に対応している．

3章　pn 接合ダイオード

[ねらい]

n タイプと p タイプの半導体を接合すると，2端子の pn 接合ダイオードとなる．このデバイスは，電流を一方向にしか流さないという特徴があり，交流を直流に変換する整流作用がある．

本章の最大のねらいは，エネルギーバンド図が描けるようになることである．そして，エネルギーバンド図を用いてダイオードの整流作用を直観的に理解することである．

まず両端を接地した場合のエネルギーバンド図を学ぶ．次に，電圧を印加した場合の pn 接合ダイオードの特性をエネルギーバンド図で理解する．さらに，電流電圧特性を簡単な式で理解する．

[事前学習]

(1) 3.1節を読み，pn 接合ダイオードの整流作用について説明できるようにしておく．

(2) 3.2節を読み，2端子を接地した pn 接合ダイオードのエネルギーバンド図を描けるようにしておく．

(3) 3.3節を読み，電圧（バイアス）を印加した場合のエネルギーバンド図を描けるようにしておく．

(4) 3.4節を読み，拡散長とバイアスを印加した場合の pn 積を説明できるようにしておく．そして，順バイアスおよび逆バイアスでの電流電圧特性を理解しておく．

[この章の項目]

pn 接合ダイオード構造と整流作用

エネルギーバンド図（接地）

エネルギーバンド図（バイアスの印加）

電流電圧特性

3.1　pn 接合ダイオード構造と整流作用

半導体デバイスとして，まず pn **接合ダイオード** (junction diode) を説明する．このデバイスは，さまざまなデバイスの基本として重要であると共に，エネルギーバンド図を理解するためにも有用である．

3.1.1　pn 接合ダイオード構造

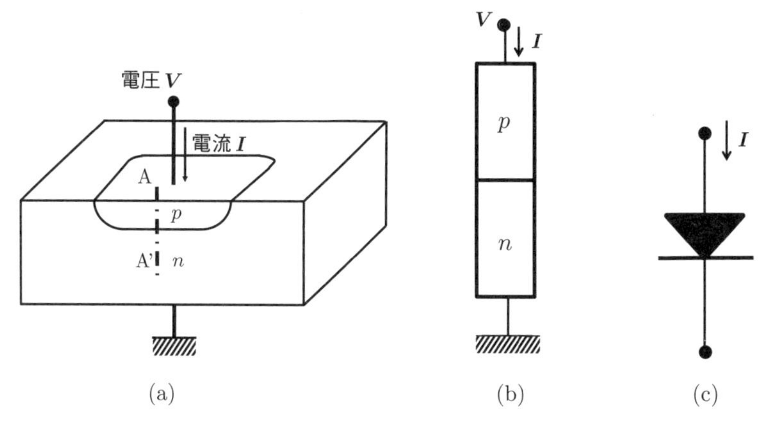

図 3.1　(a)pn 接合ダイオード構造，(b)A-A' 断面の 1 次元構造，(c) 記号．

図 3.1(a) は，pn 接合ダイオード構造である．n タイプ半導体基板に p タイプ半導体領域がある．簡単化のため，本書では (b) に示す 1 次元構造の pn 接合ダイオードで説明する．これは，(a) の A-A' に沿った領域に対応したものである．(c) は pn 接合ダイオードの記号で，電流の流れる向きを表している．

図 3.2 は，電流電圧特性である．正の電圧 V を印加すると電流 I が流れ，電圧と共に指数関数的に増加する．これを**順バイアス** (forward bias)[1] とよぶ．逆に，負の電圧を印加すると電流はほとんど流れず，**逆バイアス** (reverse bias) とよぶ．さらに負の電圧を加えると，ブレークダウンして急激に電流が流れる．なお，本書ではブレークダウンの現象は取り扱わない．

1 バイアス（bias）とは，電圧を印加することを意味する，正確には，電子回路を正しく動作させるために印加する直流電圧（もしくは電流）のことである．バイアスで回路の動作点を設定する．

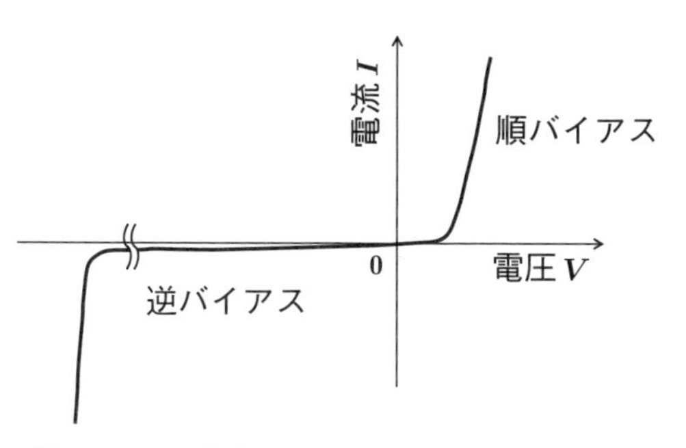

図 3.2　pn 接合ダイオードの電流電圧特性．

3.1.2　整流作用

pn 接合ダイオードの主な役割は，交流を直流に変換し整流することである．

図 3.3 (a) は，整流回路である．(b) に示すように，入力電圧 V_{in} が正のときだけ I が流れる [2]．この結果，負荷抵抗 R_L に出力電圧 V_{out} が生じる．ここで，$V_{out} = I \cdot R_L$ である．V_{in} が正のとき I が流れ，負のときは流れない．これを半波整流 (half-wave rectification) という．容量 [3] などを付加すれば V_{out} の波形を平滑化でき，直流にすることができる．

2 実際には I が変わると V_{out} が変わり，pn 接合ダイオードに印加される電圧が変化する．しかし，簡単化のため，この効果は無視した．

3 容量については，5.1.1 項で説明する．

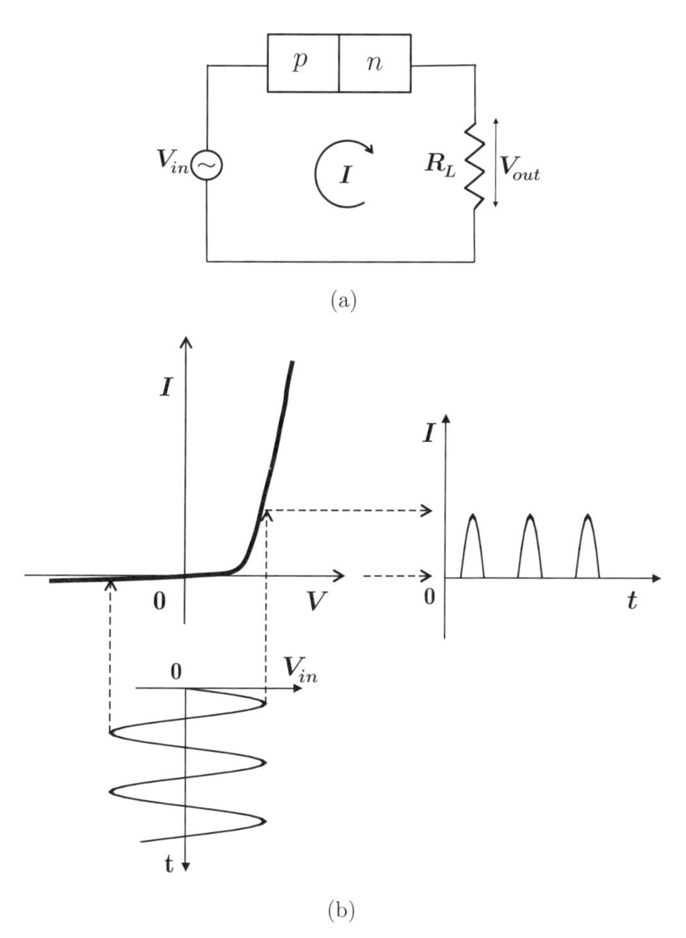

図 3.3　(a) 整流回路．(b) 入力電圧 V_{in} と電流 I．

3.2　エネルギーバンド図（接地）

まずエネルギーバンド図について説明する．図 3.4(a) に示すように半導体の右端に −0.5 V を印加すると，電界が発生する．エネルギーバンド図は上向きが電子のエネルギーなので，(b) のように右端が 0.5 eV 高くなる．ドリフトで電子 e は左へ，ホール h は右へ動く．ポテンシャル・エネルギーは，位置エネ

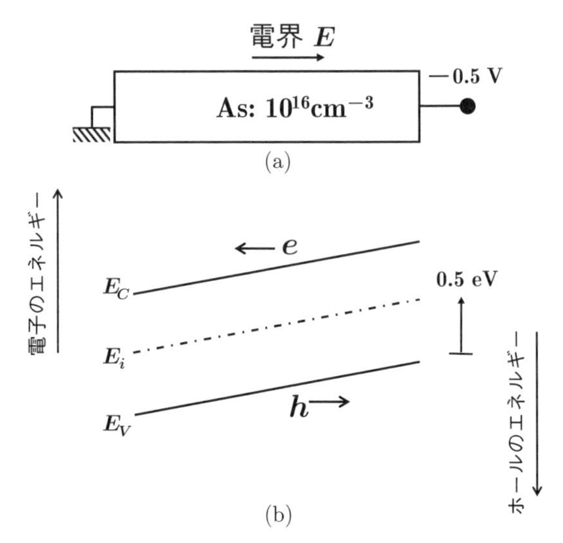

図 3.4　(a) 半導体への電圧の印加と (b) エネルギーバンド図.

ルギーである．電子はエネルギーを放出すると，E_C へ向かって落ちる．一方，ホールはエネルギーを放出すると，E_V へ向かって“泡”のように上がる．

3.2.1　接合前のエネルギーバンド図

n 領域と p 領域を接合する前に，個々のエネルギーバンド図を考えてみよう．

図 3.5(a) は接合前の n 領域と p 領域で，(b) はそのエネルギーバンド図である．この例では，As が 10^{16} cm^{-3} の n 領域と B が 10^{15} cm^{-3} の p 領域を接合してダイオードにする [4]．

4 不純物分布がステップ状に急峻に変化するので，**階段接合** (step junction) という．

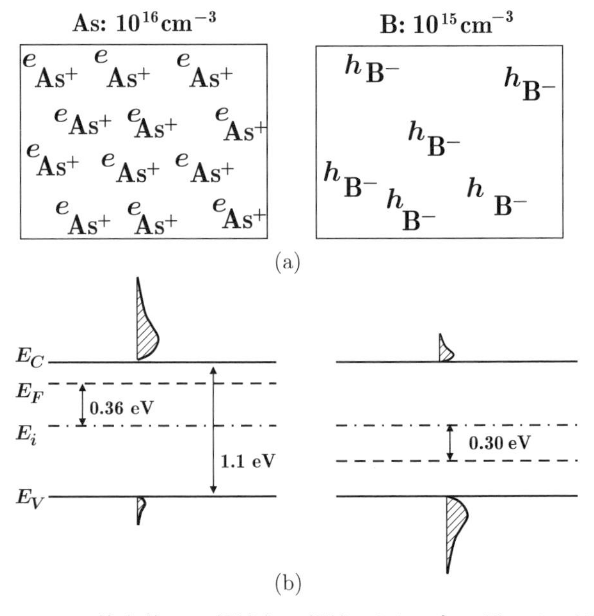

図 3.5　(a) 接合前の n 領域と p 領域．(b) エネルギーバンド図.

2.3 節で学んだように，n 領域の多数キャリアである電子密度 n は $10^{16}\,\mathrm{cm}^{-3}$ で，少数キャリアであるホール密度 p は $10^{4}\,\mathrm{cm}^{-3}$ である．一方，p 領域の p は $10^{15}\,\mathrm{cm}^{-3}$ で，n は $10^{5}\,\mathrm{cm}^{-3}$ である．フェルミレベル E_F と i タイプ半導体のフェルミレベル E_i のエネルギー差 $|E_F - E_i|$ は，**不純物濃度** (impurity concentration) を N として (2.2) 式および (2.3) 式から次式で表される．

$$
\begin{aligned}
|E_F - E_i| &= kT \cdot \ln \frac{N}{n_i} \\
&= kT \cdot \ln 10 \cdot \log \frac{N}{n_i}
\end{aligned}
\tag{3.1}
$$

ここで，$kT \cdot \ln 10$ は室温 (300 K) で 60 meV である．この例で，n 領域の $|E_F - E_i|$ は 360 meV となる．p 領域の $|E_F - E_i|$ は 300 meV である．

3.2.2 接合後のエネルギーバンド図

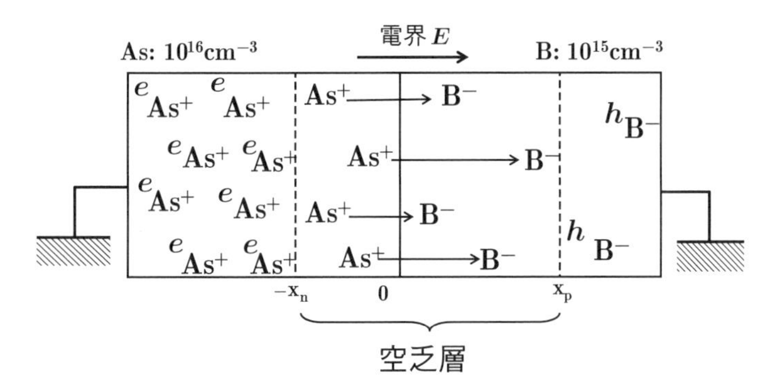

図 3.6 熱平衡状態 ($V = 0\,\mathrm{V}$) での pn 接合．As^+ から B^- へ向かう矢印は，電気力線である．

次に，接合した状況を考えよう（電圧を印加しない熱平衡状態）．図 3.6 に示すように，まず電子とホールは濃度が薄い領域へ拡散する．電子は p 領域へ，ホールは n 領域へ拡散する．接合付近は電子とホールで溢れ，熱平衡の pn 積である n_i^2 を超える．このため，電子とホールは再結合し，フォノン（**音子**，phonon）[5] または **フォトン**（**光子**，photon）[6] を放出する．この結果，接合付近の電子およびホールは不純物濃度に比べて薄く，電子およびホールを無視できる**空乏層** (depletion layer) が発生する．空乏層にはイオン化したドナー (As^+) とアクセプタ (B^-) が存在する．このため，電気力線が As^+ から B^- へ向かい，電界が発生する．

接合した瞬間は，拡散電流が流れる．しかし，やがて電界が発生してこれによるドリフト電流で拡散電流が打ち消される．つまり，正味の電流は 0 となる．

pn 接合の動作を理解するために，エネルギーバンド図が有用である．熱平衡状態のエネルギーバンド図の描き方について，図 3.7 を用いて説明する．

5 電子が波動と粒子の両方の性質を持つように（2.1.1 参照），格子振動も粒子性を持っている．この粒子をフォノンとよぶ．

6 これは，LED(light emitting diode) の基本原理である．電子とホールが再結合したエネルギーがフォトンつまり光になる．

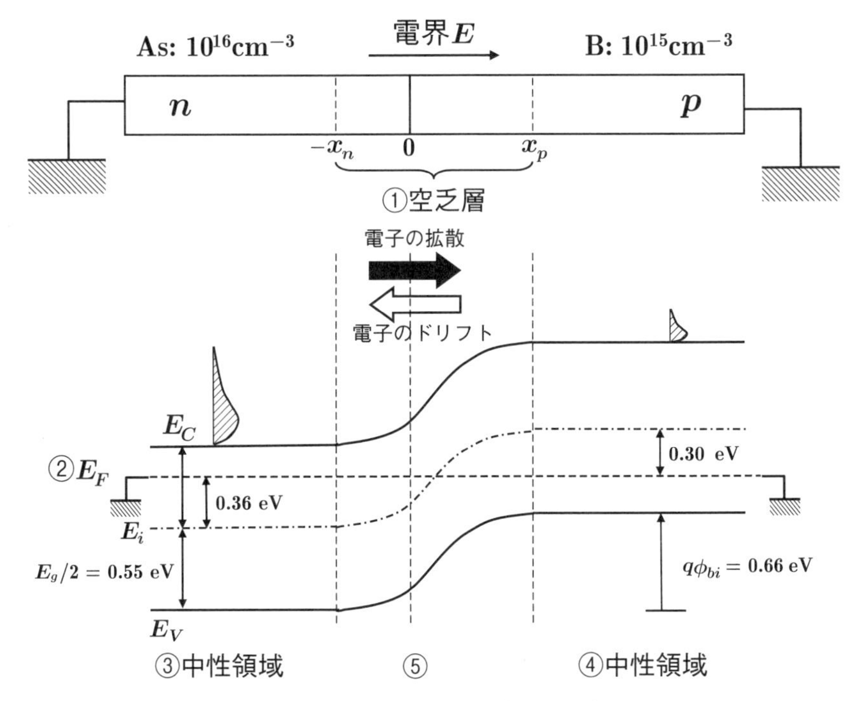

図 **3.7**　熱平衡状態 ($V = 0\,\mathrm{V}$) での pn 接合のエネルギーバンド図.

① まず空乏層の幅を描く．このとき，不純物濃度の薄い側の空乏層幅を広くする[7]．空乏層の幅の具体的な算出を【付録 A7】に示す．この構造（As が $10^{16}\,\mathrm{cm}^{-3}$，B が $10^{15}\,\mathrm{cm}^{-3}$）では，$n$ 領域側の空乏層幅 x_n は $0.09\,\mu\mathrm{m}$ で，p 領域側の空乏層幅 x_p は $0.88\,\mu\mathrm{m}$ となる[8]．

② E_F を水平に描く（理由は後述）．

③ n 領域 の電荷中性領域[9] の E_i を E_F より 0.36 eV 低い位置に描く．次に，E_C と E_V を E_i の上下に描く．このとき，E_i から $E_g/2$ のエネルギー差（つまり，0.55 eV）で描く．

④ 同様に p タイプの中性領域の E_i そして E_C と E_V を描く．なお，E_i は E_F より 0.30 eV 高い位置に描く．

⑤ 空乏層の E_C と E_V を描く．このとき，接合境界を境に“下に凸”と“上に凸”の 2 次関数で描く．

7　薄い側の空乏層幅を広くする理由は 3.2.3 項で説明するが，n 領域の空乏層の正電荷と p 領域の空乏層の負電荷が釣り合うため，低濃度側の空乏層幅が広くなる．

8　p 領域の不純物濃度は n 領域の 1/10 なので，x_p は x_n の 10 倍になる．見やすさのため，図 3.7 で空乏層の幅は 10 倍には描いていない．

9　2.3.1 項で述べたように，キャリア濃度と不純物濃度が釣り合い、電荷が中性になっている領域を中性領域とよぶ．

図 3.7 では，電子の流れを矢印で示した．電子は，拡散で濃い n 領域から薄い p 領域へ流れる．一方，空乏層内でイオン化した As^+ と B^- で発生した電界により，電子はドリフトで p 領域から n 領域へ流れる．結局，正味の電流は 0 となる．同様のことがホールでも成り立つ．

次に，② で E_F を水平に描く理由を説明する．n 領域と p 領域のフェルミレベルが一致し E_F が水平になるのは，正味の電流を 0 にするためである．電界を発生させて，ドリフト電流で拡散電流を打ち消す．これは，“熱平衡にある系

において，フェルミレベルは系の内部のどこでも一定である”という一般定理を表している．E_F を水平にするために p 領域側のエネルギーバンドは高くなる．この例では，0.66 eV 高くなる．これを電位に換算した 0.66 V が**“ポテンシャル・バリア”**（電位障壁）であり，**内部電位** (built-in potential) ϕ_{bi} という．0.66 eV は，n 領域の $|E_F - E_i|$ の 0.36 eV と p 領域の 0.30 eV の和である．

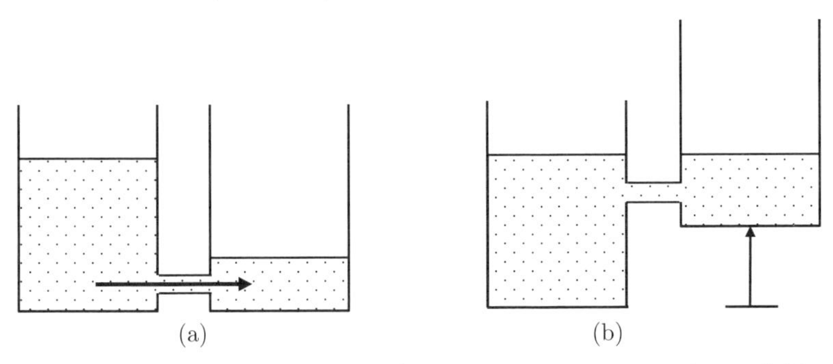

図 3.8　内部電位 ϕ_{bi} の説明.(a) 水面の高さの異なる 2 つのタンクと (b) 右側のタンクを高くした場合.

図 3.8 を用いて内部電位を説明する．水面の高さの異なる 2 つのタンクを管でつなぐと水が流れる．この水の流れを止めるには，右側のタンクを高くすればいい．そうすれば水面の高さは一致し，水は流れない．右側のタンクを高くすることが，内部電位 ϕ_{bi} に相当する．また，水面が E_F に対応する．

空乏層という言葉は，電子もホールも存在しないという誤解を与えやすい．熱平衡状態であり，質量作用の法則で pn 積は場所によらず n_i^2 である．図 3.9 は，空乏層内のキャリア密度である[10]．空乏層内に電子もホールも存在している．ただ，不純物濃度に比べて電子とホールが無視できる量であるということである．

10　pn 積も表記した．単位は cm^{-6} である．

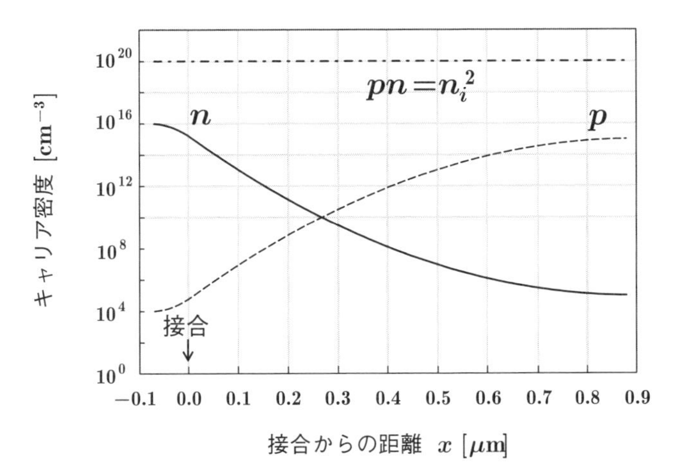

図 3.9　空乏層内のキャリア密度．熱平衡状態では pn 積は場所によらず n_i^2 であり，空乏層内には電子もホールも存在する．なお，x_n は 0.09 μm で，x_p は 0.88 μm である．

3.2.3　エネルギーバンド図と電荷密度，電界，電位

次に，pn 接合ダイオードでの電荷密度 ρ，電界 E と電位 ϕ について説明する．これらがエネルギーバンド図に反映されている．図 3.10(a) は pn 接合の構造であり，空乏層が延びている．(b) は電荷密度 ρ である．n 領域の空乏層の幅を x_n として正電荷は $qN_d^+x_n$ である．一方，p 領域の空乏層の幅を x_p として負電荷 $-qN_a^-x_p$ があり，これが n 領域の正電荷と釣り合っている．したがって，不純物濃度の薄い側の空乏層幅が広く延び，$N_d^+x_n = N_a^-x_p$ となる．板状に電荷がある場合，図 2.36 と同様に，As^+ から B^- に向かう電気力線の本数（面密度）は，n 領域の空乏層の端から接合界面に向かって直線的に増える（図 3.6 参照）．一方，p 領域では電気力線が B^- に終端していき直線的に減る．(c) は電界 E であり，空乏層の端から接合界面に向かって線形に増え，接合界面で電界が最大になる [11]．1 次元の pn 接合では，最大電界となる場所は常に接合界面である．電界を距離で積分すると電位になる．つまり，電界の三角形の面積 ($\int Edx$) が内部電位 ϕ_{bi} になる．(d) は電位 ϕ である [12]．接合界面を境に，“上に凸”の 2 次関

11　2.5.1 項で述べたように，電気力線の本数が電界である．

12　電位 ϕ は E_i を使って，$\phi = -\frac{E_i}{q}$ で与えられる [9)]．ϕ の基準に関して，図 3.7 に示したように，ここでは接地してある領域のフェルミレベル E_F を 0 eV とする．したがって，たとえば図 3.10 (d) の n タイプの中性領域の電位 ϕ は，$-\frac{E_i}{q} = \frac{kT}{q}\ln\left(\frac{N_d^+}{n_i}\right)$ である．

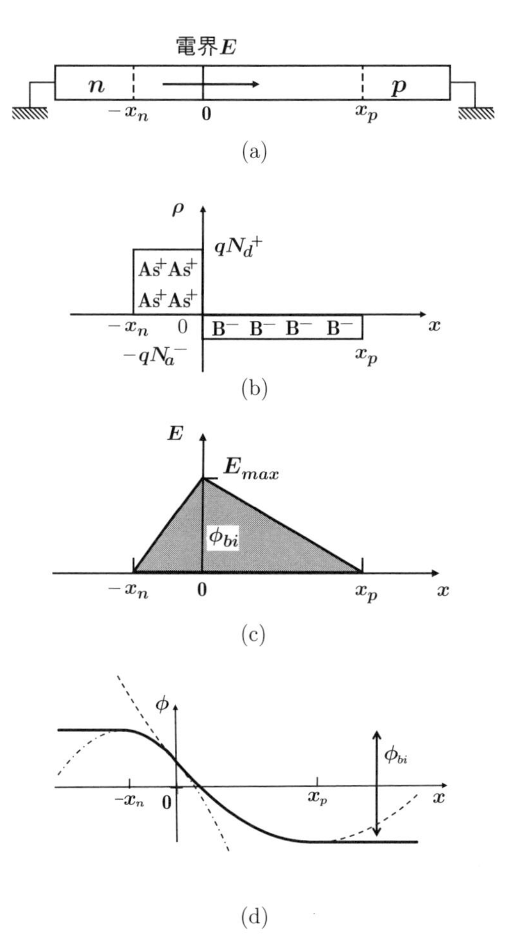

図 3.10　(a)pn 接合 ($V = 0\,\mathrm{V}$) の (b) 電荷密度，(c) 電界と (d) 電位．

数と“下に凸”の2次関数になっている．この電位の形を上下逆さまにした形がエネルギーバンド図となる．

不純物分布つまり電荷密度ρが一定（xの0次関数）の場合，ρを積分した電荷Qはxの1次関数になる．Qに比例する電界Eも1次関数である．さらに，電界Eを積分した電位ϕはxの2次関数になる．

3.3 エネルギーバンド図（バイアスの印加）

前節では，バイアスを印加していない熱平衡状態のエネルギーバンド図を学んだ．この節では，バイアスを印加したエネルギーバンド図について説明する．

3.3.1 逆バイアスのエネルギーバンド図

はじめに，逆バイアスを印加した時のエネルギーバンド図を考えよう．図3.11に示すように，p領域に$-0.3\,\mathrm{V}$を印加すると，ポテンシャル・バリアは内部電圧ϕ_{bi}と印加電圧を加えた電圧で$0.96\,\mathrm{V}$になる．熱平衡状態($V=0\,\mathrm{V}$)よりもポテンシャル・バリアは高くなっていて空乏層が拡がる[13]．電流は，ほとんど流れない．

エネルギーバンド図で，前節の熱平衡状態($V=0\,\mathrm{V}$)との違いは，バイアスによりn領域とp領域のE_Fが異なることである．p領域に$-0.3\,\mathrm{V}$を印加すると，p領域の電子のポテンシャル・エネルギーが高くなる．したがって，n領域のフェルミレベルE_{Fn}に比べて，p領域のフェルミレベルE_{Fp}は$0.3\,\mathrm{eV}$高くなる．もう1つの違いは，逆バイアスを印加すると，n領域とp領域の空乏層が両方とも延びることである．不純物濃度が薄い側の空乏層のほうが拡く延びる[14]．エネルギーバンド図の描き方は前節で説明した接地の場合とほとんど同じであるが，以下に図3.11を参照しながら示す．

13 図3.10(c)で説明したように，熱平衡状態では電界の三角形の面積が内部電位ϕ_{bi}に相当した．負の電圧Vを印加すると，三角形の面積は$\phi_{bi}-V$に相当して大きくなり空乏層が拡がる．

14 電荷は釣り合っていて，$N_d^+x_n=N_a^-x_p$である．

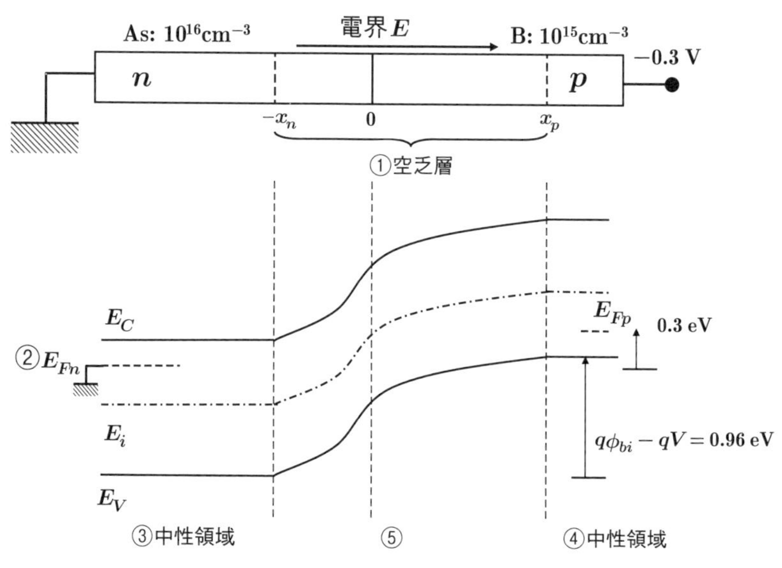

図 3.11　逆バイアスでのエネルギーバンド図.

① 空乏層の幅を描く．このとき，不純物濃度の薄い側の空乏層の幅を拡くする（【付録 A7】 $x_n = 0.11\mu\text{m}$, $x_p = 1.06\mu\text{m}$).

② E_F を描く．p 領域に $-0.3\,\text{V}$ が印加されているので，p 領域の E_{Fp} は n 領域の E_{Fn} よりも 0.3 eV 高くなる．なお，空乏層では熱平衡状態ではなく E_F は描かない[15]．これは，電圧を印加した空乏層では E_F は定義できないためである[16].

以降 ③ ～⑤ は，図 3.7 と同じである．

逆バイアスにより $V = 0\,\text{V}$ に比べてポテンシャル・バリアが高くなっている.

15　正確には，空乏層端から拡散長離れた部分まで熱平衡状態ではない (3.4 節で後述).

16　バイアスを印加した場合にも適用できる**擬フェルミレベル** (quasi-Fermi level) がある.

3.3.2　順バイアスのエネルギーバンド図

次に，電流が流れる順バイアスでのエネルギーバンド図を説明する.

図 3.12 は，p 領域に 0.3 V の順バイアスを印加した場合である．エネルギーバンド図は，p 領域に 0.3 V を印加したため電子のエネルギーが低くなり，接地している n 領域の E_{Fn} よりも E_{Fp} は 0.3 eV 下がる．pn 接合のポテンシャル・バリアが低下し，電子が n 領域から p 領域へ流れ，ホールが p 領域から n 領域へ流れる[17]．**空間電荷** (space charge) 領域[18] の幅は，$V = 0\,\text{V}$ のときよりも狭くなる（【付録 A7】 $x_n = 0.07\mu\text{m}$, $x_p = 0.65\mu\text{m}$).

図 3.13 は，p 領域に 1 V を印加した場合である．n 領域から p 領域へ注入する電子は，p 領域の不純物濃度を超えるようになる．これを**高注入** (high-injection)[19] 状態という．1 V を印加すると大電流が流れ，中性領域の抵抗による電位降下が顕著になる．中性領域は，電位降下のためにエネルギーバンド図が傾いている．なお，1 V を印加しても中性領域の電位降下のために空間電荷領域には印加電圧よりも低い電圧しかかからず，ポテンシャル・バリアは残る.

17　負の電荷である電子が n 領域から p 領域へ流れるので，電流は電子と逆向きで p 領域から n 領域へ流れる．ホールは正電荷なので，ホールと同じ向きに電流も p 領域から n 領域へ流れる.

18　順バイアスでは少数キャリアが注入し，pn 積は n_i^2 よりも大きくなっている．空乏層という名は正しくないので，空間電荷領域という.

19　少数キャリアの注入レベルにより，**低注入** (low-injection), 中注入, 高注入という.

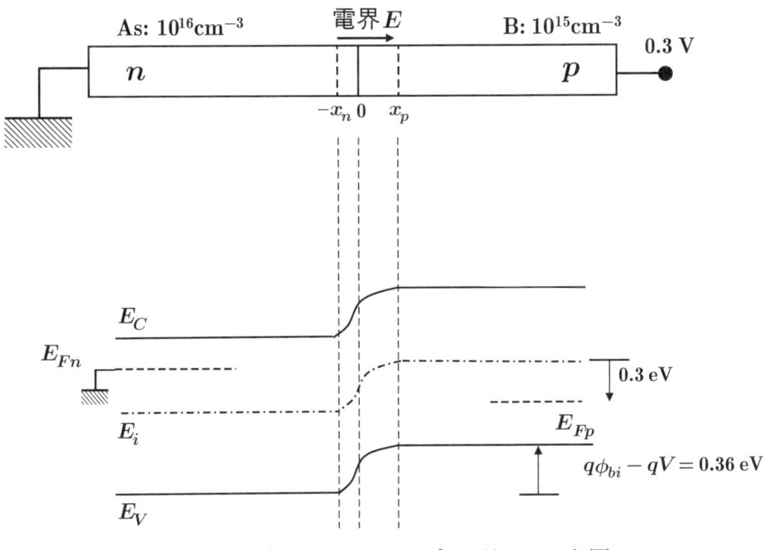

図 **3.12**　順バイアスでのエネルギーバンド図.

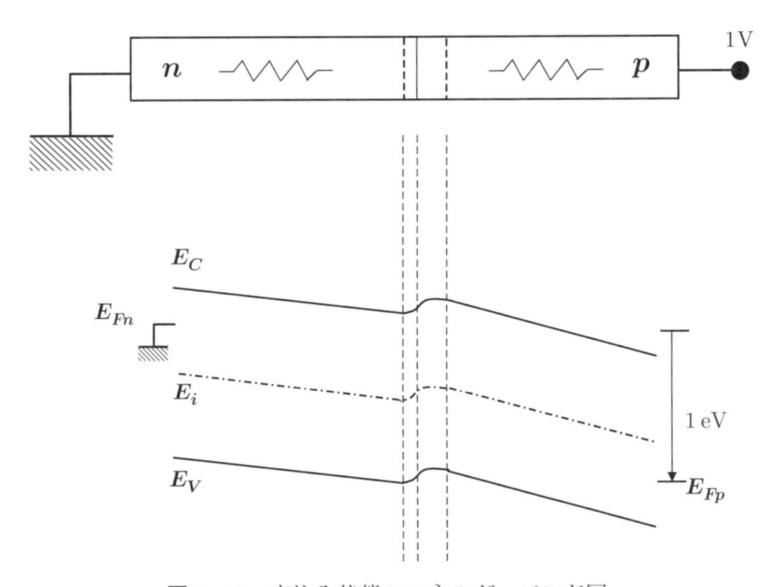

図 **3.13**　高注入状態のエネルギーバンド図.

3.4　電流電圧特性

この節では，pn 接合ダイオードの電流電圧特性について説明する．この特性は，4.2.2 項のバイポーラトランジスタの電流電圧特性を理解する基礎になる．さらに，6.2.5 項の MOS トランジスタのサブスレッショルド特性にも関係する．

3.4.1　拡散長

まず“**拡散長** (diffusion length)”について説明する．これは，pn 接合の電流を決める重要な概念である．

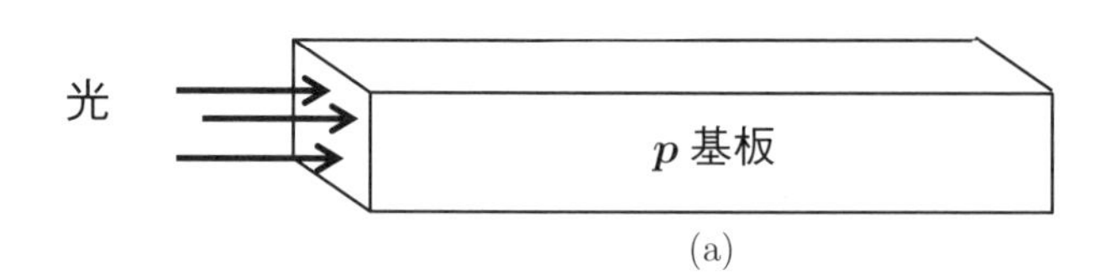

(a)

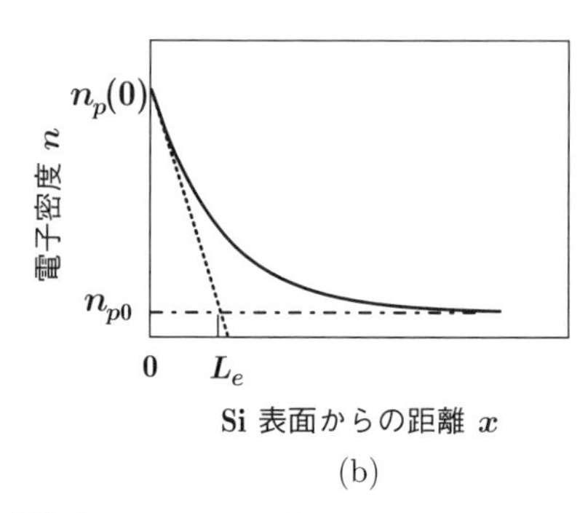

(b)

図 3.14　拡散長の説明．(a) 光の照射と (b) 電子分布．

図 3.14(a) に示すように，p 基板の表面 ($x = 0$) に光を当て続けて，電子とホールを表面で発生させる．発生した少数キャリアの電子は Si 内に拡散していく[20]．(b) は Si 基板内における定常状態での電子の分布である．電子はホールと再結合して，指数関数的に減っていく．ここで，$n_p(0)$ は p タイプ Si 表面の電子密度，n_{p0} は p タイプでの電子の熱平衡値である[21]．拡散方程式を解くと，

$$n_p(x) = \Delta n_p(0)e^{-\frac{x}{L_e}} + n_{p0} \tag{3.2}$$

となる．ここで，L_e は電子の拡散長という．$\Delta n_p(0)$ は Si 表面で発生している過剰の電子密度であり，

$$\Delta n_p(0) = n_p(0) - n_{p0} \tag{3.3}$$

である．拡散長 L_e は，電子が半導体基板内にどの程度拡散するかを意味している．なお，L_e は $\sqrt{D_e\tau_e}$ である．ここで，D_e は電子の拡散係数で，τ_e は寿命（**ライフタイム**，life time）[22] である．D_e が大きいか τ_e が長いと L_e は長くなり，電子は表面から基板奥まで拡散する．

光で生成した電子は，拡散して基板方向へ流れる[23]．$x = 0$ での濃度勾配 dn/dx は図 3.14(b) の破線に示す $-\Delta n_p(0)/L_e$ である．したがって，$x = 0$ での電子の拡散電流 $I_{diff,e}(0)$ は (2.17) 式と同様に次式で表される．

$$\begin{aligned} I_{diff,e}(0) &= -qD_e\left(-\frac{dn}{dx}\right)_{x=0} A \\ &= -qD_e\frac{\Delta n_p(0)}{L_e}A \end{aligned} \tag{3.4}$$

20　少数キャリアでは，拡散電流に比べてドリフト電流は無視できる．

21　添え字の p は p タイプ，$n_p(0)$ の 0 は Si 表面からの距離，n_{p0} の 0 は熱平衡を表す．

22　光などで非平衡状態になったキャリアが熱平衡状態に戻るまでの時間をライフタイムという．3.4.3 項でも説明する．ライフタイム τ の具体的な値は，【付録 A8】に示した．同様に，拡散係数 D と拡散長 L の値は【付録 A10】に示した．

23　光で生成したホールも基板方向へ流れる．したがって，電子電流とホール電流の和は 0 で，正味の電流は流れない．

3.4.2　空間電荷領域での pn 積

pn 接合ダイオードの電流電圧特性を理解する上で重要なことは，電圧 V に

より空間電荷領域での pn 積がどう変わるかを理解することである．順バイアスを印加すると，電圧に対し pn 積は指数関数的に増える．一方，逆バイアスを印加すると，pn 積は指数関数的に減る．ただし，逆バイアスでの pn 積は n_i^2 に比べて無視でき ($pn \ll n_i^2$)，空乏化している．

3.3 節でエネルギーバンド図を説明したが，電圧 V により n 領域と p 領域の E_F が分離する．

$$E_{Fn} - E_{Fp} = qV \tag{3.5}$$

ここで，E_{Fn} と E_{Fp} はそれぞれ n 領域と p 領域の中性領域の E_F である．空間電荷領域内で E_{Fn} と E_{Fp} がそれぞれ一定であり水平方向に延びていると仮定すると，(2.2) 式と (2.3) 式から

$$n = n_i e^{\frac{E_{Fn}-E_i}{kT}} \tag{3.6}$$

$$p = n_i e^{\frac{E_i-E_{Fp}}{kT}} \tag{3.7}$$

となる．したがって，空間電荷領域内の pn 積は

$$pn = n_i^2 e^{\frac{qV}{kT}} \tag{3.8}$$

と表される．この式は，ダイオードの電流電圧特性を考える上で重要な式である．室温 (300 K) で，0.3 V の順バイアスを印加すると pn 積は n_i^2 の 10^5 倍に増える．一方，0.3 V の逆バイアスなら pn 積は n_i^2 の $1/10^5$ に減る．なお，V が 0 V なら pn 積は n_i^2 となる．

次に，順バイアスの電流電圧特性を簡単な式を用いて説明する．

3.4.3 順バイアスの電流電圧特性

順バイアスの電流電圧特性は，図 3.15 に示すように電流は電圧に対して指数関数的に増加する．

$$I \propto e^{\frac{qV}{mkT}} \tag{3.9}$$

図 3.15 では，$V < 0.4$ V の低注入状態では m は 2 となっている．中注入状態で m は 1，そして高注入状態では m は 2 以上になる．この理由について説明しよう．

図 3.16(a) に示す 3 つの領域に分けて説明する．領域 ① は n 領域の中性領域（空間電荷領域の端から拡散長 L_h まで），② は空間電荷領域，③ は p 領域の中性領域（空間電荷領域の端から拡散長 L_e まで）である．この 3 つの領域では，順バイアスの印加で pn 積は n_i^2 よりも多い．このため，図 3.16 に矢印で示すように電子とホールが再結合する．3 つの領域は熱平衡ではなく，バイアス印加のため非平衡状態である．電流は，再結合電流 I_{rec}，電子の拡散電流 $I_{diff,e}$ とホールの拡散電流 $I_{diff,h}$ で流れる．

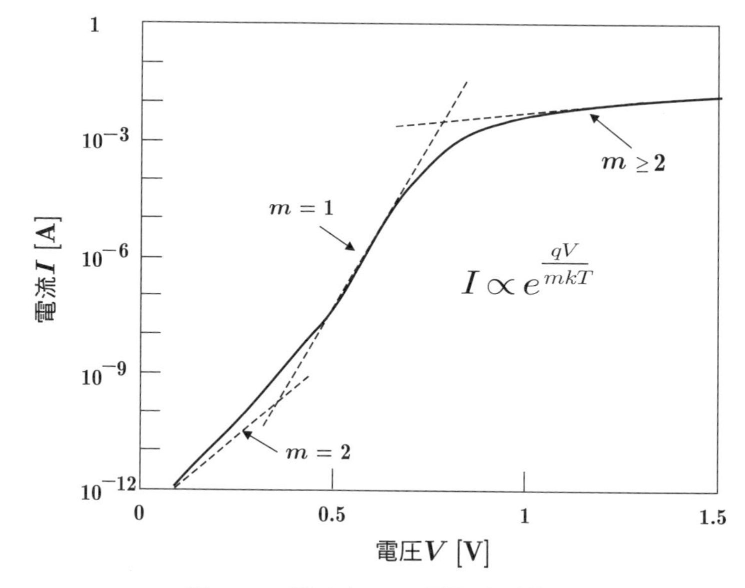

図 3.15　順バイアスの電流電圧特性.

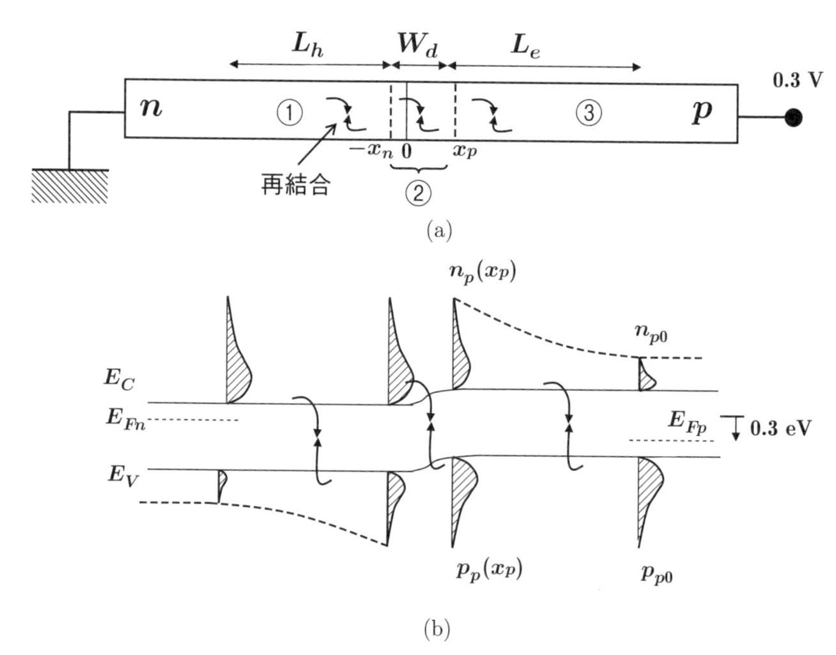

図 3.16　(a) 順バイアスのダイオードと (b) エネルギーバンド図.

(1)　再結合電流：空間電荷領域内での再結合

領域 ② では，再結合が起きている．図 3.17 に示すように，エネルギーギャップの中に**トラップレベル** (trap level) があり，Si ではこのトラップレベルを介して再結合する [24]．τ_e と τ_h を電子とホールの**ライフタイム** [25] という．トラップレベルがエネルギーギャップの中央にあると再結合が最も起きやすくなる．

24　Si 結晶は必ずしも完全ではないためエネルギーギャップの中にレベルが発生する．また，再結合を促進するため金 (Au) などをドープすることもある．

25　中性領域と空間電荷領域では，ライフタイムが異なる．たとえば，p タイプの中性領域では，トラップレベルには多数キャリアのホールがすでにラインナップしていて，少数キャリアの電子が捕獲されるのを待ち構えている．ライフタイムは τ_e となる．一方，空間電荷領域では電子もホールも少なく，τ_e と τ_h の和が捕獲に要する時間となる（【付録 A8】参照）．

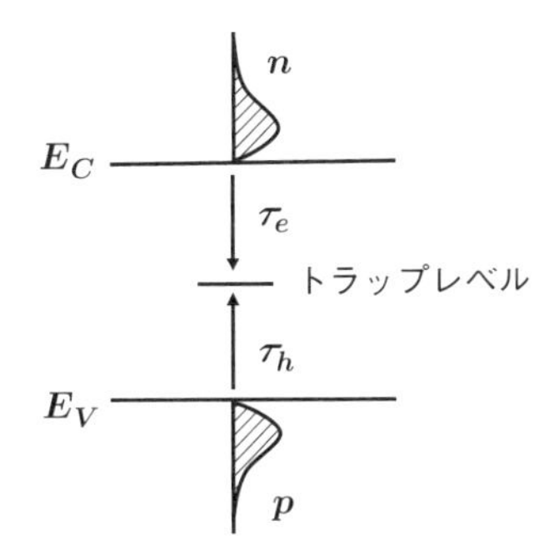

図 **3.17**　空間電荷領域での再結合.

これは，伝導帯の電子と価電子帯のホールからトラップレベルへ行きやすいからである．また，再結合する確率は，伝導帯の電子と価電子帯のホールが同数 $(n = p)$ のときに最大となる[26]．つまり，pn 積の (3.8) 式から

$$n = p$$

$$= n_i e^{\frac{qV}{2kT}} \tag{3.10}$$

のとき，再結合が最大となる．I_{rec} は領域 ② の体積内で単位時間に再結合するキャリア数であり，空間電荷領域で再結合が一様に起きると仮定し，U を単位時間当たりの**正味の再結合速度** (net recombination velocity)[27] として，

$$\begin{aligned} I_{rec} &\approx -qU\, W_d A \\ &\approx -q\frac{n}{\tau_e + \tau_h} W_d A \\ &= -q\frac{n_i e^{\frac{qV}{2kT}}}{\tau_e + \tau_h} W_d A \end{aligned} \tag{3.11}$$

と表される（詳細は【付録 A8】参照）．ここで，W_d は空間電荷領域の幅，A は断面積である[28]．低注入状態では再結合電流が支配的で，再結合が $n = p$ のときに最大になるため m は 2 となる．次に説明するように，中注入および高注入状態では拡散電流が支配的になる．

26 トラップレベルが E_g の中央にあると再結合の効率が良く，また $n = p$ のときに最大になる．たとえを用いて説明しよう．7 m の川を挟んで男子校と女子校がある．出会いのために，この川に幅 1 m の島を作る．男女の飛ぶ能力が同じなら，どこに島を作ればよいか？また，男女の比がどんなとき，出会いは最大になるか？この答えは，島は川の中央に作ればよく，男女が同数のとき最大になる．なお，トラップレベルが E_g の中央になる不純物としては金 (Au) などがある．

27 U は再結合と生成の差という意味で正味 (net) であり，単位は $\mathrm{cm^{-3}/s}$ である（【付録 A8】参照）．

28 $W_d A$ は，再結合する領域 ② の体積である．

(2)　拡散電流：空間電荷領域の外での再結合

領域 ③ の電子の拡散電流 $I_{diff,e}$ を説明する．② の空間電荷領域の端 $(x = x_p)$ から密度 $n_p(x_p)$ で注入された電子は，3.4.1 項で述べたように濃度勾配によって ③ の p 領域を拡散する．$x = x_p$ での $I_{diff,e}(x_p)$ は，(3.4) 式と同様に次式で表される．

$$I_{diff,e}(x_p) = -qD_e \frac{n_p(x_p) - n_{p0}}{L_e} A \tag{3.12}$$

拡散電流 $I_{diff,e}(x_p)$ は，空間電荷領域から p 領域に注入された電子密度 $n_p(x_p)$ で決まる．空間電荷領域内では印加した電圧 V により pn 積が (3.8) 式に従っ

て増える．中注入状態では，多数キャリアのホール密度 $p_p(x_p)$ は電荷中性条件から N_a^- と等しく，

$$p_p(x_p) = N_a^- \tag{3.13}$$

である．じつは，これが中注入状態で m が 1 となるポイントである．注入された少数キャリアの電子密度 $n_p(x_p)$ は，(3.8) 式の pn 積から

$$\begin{aligned} n_p(x_p) &= \frac{n_i^2 e^{\frac{qV}{kT}}}{N_a^-} \\ &= n_{p0} e^{\frac{qV}{kT}} \end{aligned} \tag{3.14}$$

となる．中注入状態では，印加した電圧は少数キャリアを増やすことに使われる．したがって，(3.12) 式の拡散電流は，

$$I_{diff,e}(x_p) = -qD_e \frac{n_{p0}}{L_e} \left(e^{\frac{qV}{kT}} - 1 \right) A \tag{3.15}$$

となる．中注入状態では $\exp\left(\frac{qV}{kT}\right) \gg 1$ であり，m は 1 となる．順バイアスを印加するとポテンシャル・バリアが下がり，注入する電子が指数関数的に増える．中注入状態では，印加した電圧で少数キャリアだけが増え m は 1 となる．なお，領域 ① でのホールの拡散電流 $I_{diff,h}$ も同様に求められ，m は 1 となる．

高注入状態では，図 3.13 で示したように中性領域の抵抗の影響があるが，抵抗が $0\,\Omega$ でも m は 2 となる．注入レベルが高くなり不純物濃度 N_a^- 以上の電子が注入すると，注入した電子に応じて電荷中性条件に近づこうとホールが増える．つまり，

$$p \approx n \tag{3.16}$$

となる．pn 積が (3.8) 式で表されるので，m は 2 となる．中注入状態では，印加した電圧は少数キャリアを増やすことに使われた．しかし，高注入状態では印加電圧が少数キャリアだけではなく多数キャリアを増やすためにも使われる．このため，印加する電圧に比べて電流の増加が鈍り，m は大きくなる．さらに，抵抗の影響を加味すると $m > 2$ となる．

次に，電流の成分について考えよう．図 3.18(a) は pn 接合ダイオード構造で，(b) は電子電流 I_e とホール電流 I_h の位置 x 依存性である．(b) に示すように，2 端子なので電流 I はどこでも一定の値である．つまり，

$$\begin{aligned} I &= I_e(x) + I_h(x) \\ &= \text{一定} \end{aligned} \tag{3.17}$$

である，ただし，I は一定であるものの，電子 e で流れるかホール h で流れる

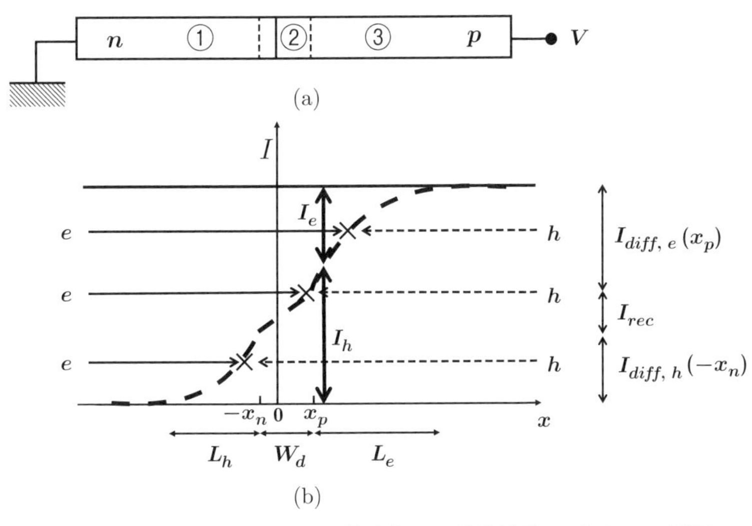

図 3.18　順バイアスの (a) ダイオード構造と (b) 電子電流 I_e とホール電流 I_h. 空間電荷領域では一定の再結合が起きると仮定した. ×は再結合を表す.

かの違いがある. n 領域側は主に電子で流れ, p 領域側ではホールで流れる.

電流 I は, 次の 3 つの成分に分けられる. 図 3.18(b) を用いて, 電子の流れを説明しよう（ホールも同様）.

(i) $I_{diff,e}(x_p)$: 電子は領域 ① と領域 ② を通って, 領域 ③ に注入される. 少数キャリアである電子は拡散し, 再結合により減少して平衡値になる[29]. つまり, 再結合で電子からホールへと電荷の運び手（キャリア）が変わる.

(ii) I_{rec} : 電子は領域 ① を通って, 領域 ② でホールと再結合する.

(iii) $I_{diff,h}(-x_n)$: 領域 ① で, 電子は注入されたホールと再結合する.

なお, 多数キャリアは主にドリフトで流れる.

電流 I は 3 領域での再結合の総和（単位時間当たり）で, 3 つの電流成分の和に等しい. つまり,

$$I = I_{diff,e}(x_p) + I_{rec} + I_{diff,h}(-x_n) \tag{3.18}$$

である.

29　領域 ①, ③ の拡散電流は, 再結合電流としても表せる. たとえば, 領域 ③ の中注入状態 ($p_p \gg n_p$) の正味の再結合 U は, $(n_p - n_{p0})/\tau_e$ である. 再結合電流 $I_{rec,\,③}$ は $-q\int_{x_p}^{\infty} U\,dx \cdot A$ であり, $L_e = \sqrt{D_e \tau_e}$ より, $I_{rec,\,③} = -qD_e/L_e^2 \int_{x_p}^{\infty} (n_p - n_{p0})dx \cdot A$ となる. この式は, 拡散電流の (3.15) 式と同じである. つまり, 領域 ② から ③ へ $x = x_p$ で注入された過剰な電子は, 中性領域 ③ でホールと再結合するということである.

順バイアスの電流電圧特性は, 低注入状態では再結合電流で m は 2 であり, 中注入状態で拡散電流が支配的になり m は 1 となる. 高注入状態では抵抗の影響もあり m は 2 以上になる.

3.4.4　逆バイアスの電流電圧特性

逆バイアスでは空乏層中の pn 積は n_i^2 よりも少ないため, 図 3.19 に矢印で示すように電子とホールが生成する. 逆バイアスの電流は, 生成電流 I_{gen}, 電

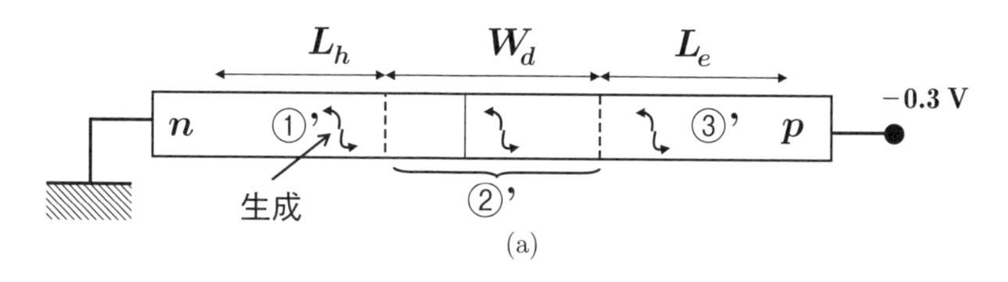

(a)

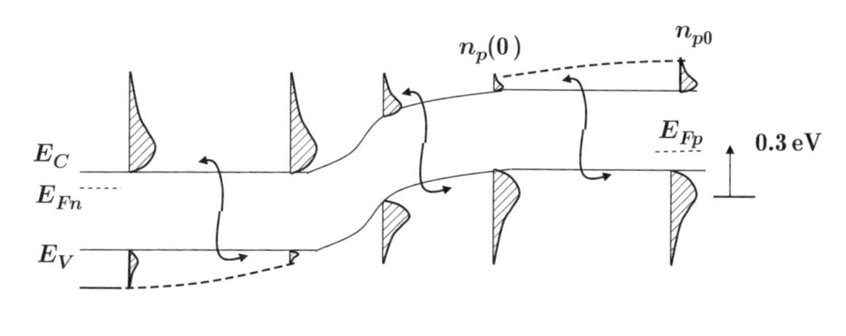

(b)

図 3.19　(a) 逆バイアスのダイオードと (b) エネルギーバンド図.

子の拡散電流 $I_{diff,e}(x_p)$ とホールの拡散電流 $I_{diff,h}(-x_n)$ で流れる.

図 3.19 (a) の領域 ②' での生成電流 I_{gen} は,

$$I_{gen} \approx q\frac{n_i}{\tau_e + \tau_h}W_d A \tag{3.19}$$

となる（詳細は【付録 A8】参照）. 順バイアスでの再結合電流の (3.11) 式と比べると, 空乏化のため n が n_i にかわっている. もちろん符号も正で, 電流の向きは順バイアスとは逆である. 逆バイアスを印加すると空間電荷領域の幅 W_d が延び, I_{gen} が増える. このため, 弱いバイアス依存性がある.

領域 ③' での電子の拡散電流 $I_{diff,e}$ は, (3.15) 式とまったく同じである. しかし, 図 3.19(b) に示すように, 負の逆バイアス V の印加により $\exp\left[\frac{qV}{kT}\right]$ は指数関数的に減る. 逆バイアス V を深くすると [30], $\exp\left[\frac{qV}{kT}\right]$ は 1 に比べて無視できるので,

30　負の電圧を大きくすること.

$$I_{diff,e}(x_p) \approx qD_e\frac{n_{p0}}{L_e}A \tag{3.20}$$

となる. なお, 電流の向きは順バイアスと逆になる. また, $\exp\left[\frac{qV}{kT}\right]$ の項がないため, $I_{diff,e}(x_p)$ にはバイアス依存性がほとんどない. 領域 ①' でのホールの拡散電流 $I_{diff,h}(-x_n)$ も同様である. 逆バイアスを印加すると, 順バイアスに比べてポテンシャル・バリアが高くなる.

この節では, pn 接合ダイオードの電流電圧特性について説明した. 順バイアスでは pn 積が n_i^2 よりもはるかに大きくなる. このため, 電子とホールが再結合する. 低注入状態では再結合電流がみえるが, 中注入状態以上では拡散電流が支配的となる（拡散も再結合で少数キャリアから多数キャリアに変わる現象

である）．

一方，逆バイアスでは pn 積が n_i^2 よりもはるかに小さくなり，電子とホールが生成する．生成電流が流れる．空乏層端での少数キャリアは熱平衡値よりも少なく，微小な拡散電流が流れる．

[3章のまとめ]

1. pn 接合ダイオードは 2 端子デバイスである．電流を一方向のみに流すため，交流を直流に変える整流作用がある．
2. 2 端子を接地した pn 接合ダイオードには空乏層ができ，イオン化した As^+ から B^- に向かって電界が発生する．つまり，内部電界が発生し，これによるドリフト電流が拡散電流を相殺し，正味の電流は流れない．
3. 2 端子を接地した pn 接合ダイオードのエネルギーバンド図を描くには，まず空乏層の端を描き，次に E_F を水平に描く．2 つの中性領域で E_i そして E_C と E_V を描き，最後に空乏層の E_C と E_V を描く．
4. バイアスを印加した場合のエネルギーバンド図を描くとき，2 端子を接地した場合との違いは空間電荷領域の幅とバイアスを印加した E_F の位置である．
5. 空間電荷領域では，印加した電圧 V により pn 積は $n_i^2 \exp[qV/(kT)]$ となる．順バイアスでは $pn \gg n_i^2$ となり，電子とホールの再結合が起きる．一方，逆バイアスでは $pn \ll n_i^2$ となり，電子とホールが生成する．
6. 順バイアスを印加すると pn 接合のポテンシャル・バリアが下がって．電圧と共に空間電荷領域の端近傍の少数キャリアが指数関数的に増加する．
7. 順バイアスの電流電圧特性は，$I \propto \exp[qV/(mkT)]$ で表される．低注入状態では m は 2 で再結合電流，中注入状態では m は 1 で拡散電流，高注入状態では m は 2 以上で抵抗の影響と高注入状態での拡散電流が支配的となる．
8. 逆バイアスを印加すると pn 接合のポテンシャル・バリアが高くなり，わずかな電流しか流れない．

3章　演習問題

[演習 3.1] pn 接合ダイオードの整流作用について説明せよ．

[演習 3.2] As を $10^{15}\,\mathrm{cm}^{-3}$ ドープした半導体の E_F と E_i のエネルギー差を算出し，エネルギーバンド図を描け．温度は 300 K とする．

[演習 3.3] B を $10^{17}\,\mathrm{cm}^{-3}$ ドープした半導体の E_F と E_i のエネルギー差を算出し，エネルギーバンド図を描け．温度は 300 K とする．

[演習 3.4] 図 3.20 の pn 接合ダイオードで，印加電圧 V_a が 0 V のエネルギーバンド図を描け．表 3.1 に示す (a)～(c) の 3 種類の不純物濃度についてである．まず内部電位 ϕ_{bi} を求めよ．次に，領域 1 の空乏層幅（表 3.1）から領域 2 の空乏層幅を求め，構造図に空乏層を描け．そして，エネルギーバンド図を描け．なお，E_F と E_i も記せ．温度は 300 K とする．

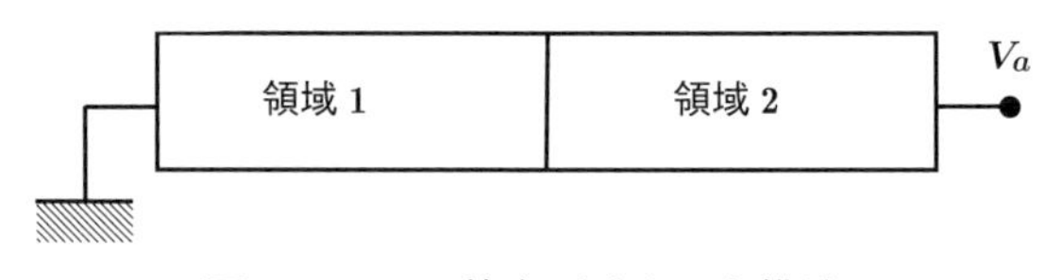

図 3.20　pn 接合ダイオード構造．

表 3.1　不純物ドープと領域 1 の空乏層幅 ($V_a = 0\,\mathrm{V}$)．

	領域 1	領域 2	領域 1 の空乏層幅 [μm]
(a)	As:$10^{15}\,\mathrm{cm}^{-3}$	B:$10^{17}\,\mathrm{cm}^{-3}$	0.96
(b)	As:$10^{15}\,\mathrm{cm}^{-3}$	B:$10^{15}\,\mathrm{cm}^{-3}$	0.62
(c)	B:$10^{17}\,\mathrm{cm}^{-3}$	As:$10^{15}\,\mathrm{cm}^{-3}$	0.01

[演習 3.5] [演習 3.4] の 3 種類の pn 接合ダイオード構造について，V_a が $-0.2\,\mathrm{V}$ と $0.2\,\mathrm{V}$ のエネルギーバンド図を描け．領域 1 の空間電荷領域の幅（表 3.2）から領域 2 の空間電荷領域の幅を求め，構造図に空間電荷領域を描け．そして，エネルギーバンド図を描け．なお，E_F と E_i も記せ．温度は 300 K とする．

表 3.2　不純物ドープと領域 1 の空間電荷領域の幅.

	領域 1	領域 2	領域 1 の空間電荷領域の幅 [μm]	
			$V_a = -0.2\,\mathrm{V}$	$V_a = 0.2\,\mathrm{V}$
(a)	As:$10^{15}\,\mathrm{cm}^{-3}$	B:$10^{17}\,\mathrm{cm}^{-3}$	1.08	0.82
(b)	As:$10^{15}\,\mathrm{cm}^{-3}$	B:$10^{15}\,\mathrm{cm}^{-3}$	0.71	0.50
(c)	B:$10^{17}\,\mathrm{cm}^{-3}$	As:$10^{15}\,\mathrm{cm}^{-3}$	0.008	0.01

[演習 3.6]　順バイアスの電流電圧特性は，$I \propto \exp[qV/(mkT)]$ で表される．低注入状態で m は 2，中注入状態で m は 1，高注入状態で m は 2 以上となる．これらを説明せよ．

[演習 3.7]　図 3.18 に示した順バイアスの電流 I とその成分 ($I_{diff,e}(x_p)$, I_{rec}, $I_{diff,h}(-x_n)$) は，電圧 V を高くするとどのように変化するか述べよ．

[演習 3.8]　逆バイアスの電流電圧特性は，印加電圧依存性が順バイアスに比べて弱い理由を述べよ．

3章　演習問題解答

[解答 3.1] pn 接合ダイオードは，順バイアスのときだけ電流が流れる．したがって，図 3.3 (a) の整流回路で (b) に示す V_{in} を与えると，V_{in} が正のとき（つまり交流信号の半波）だけ電流が流れ，交流を直流に整流できる．

[解答 3.2] As を $10^{15}\,\mathrm{cm}^{-3}$ ドープした半導体の 300 K での $|E_F - E_i|$ は，(3.1) 式から 0.3 eV である．図 3.21 にエネルギーバンド図を示す．

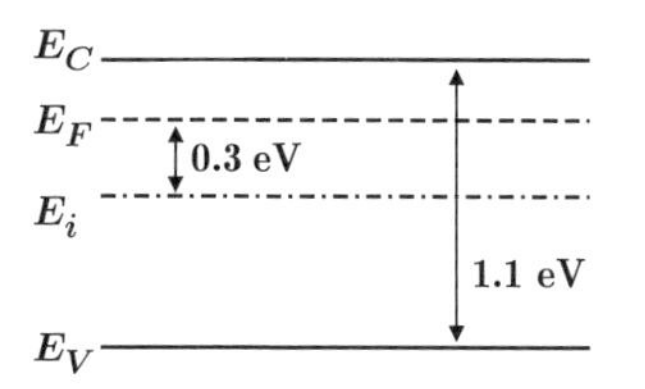

図 **3.21**　[演習 3.2] のエネルギーバンド図．

[解答 3.3] B を $10^{17}\,\mathrm{cm}^{-3}$ ドープした半導体の 300 K での $|E_F - E_i|$ は，(3.1) 式から 0.42 eV である．図 3.22 にエネルギーバンド図を示す．

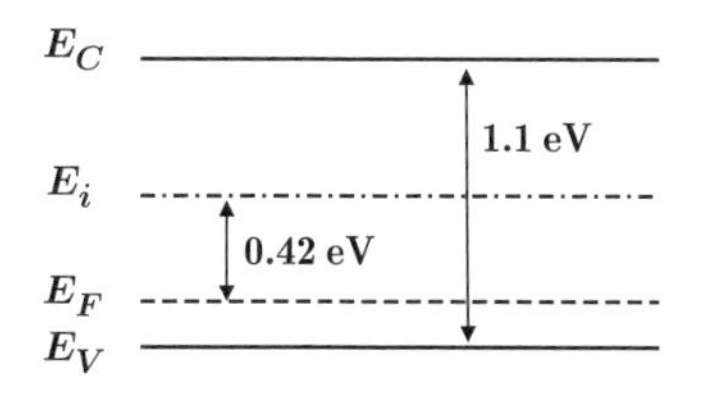

図 **3.22**　[演習 3.3] のエネルギーバンド図．

[解答 3.4] (a) の解のみを示し，(b) と (c) は省略する．

ϕ_{bi} は，[解答 3.2] と [解答 3.3] から $0.72\,\mathrm{V}(= 0.3 + 0.42)$ である．領域 2 の空乏層幅は，不純物濃度の違いから領域 1 の空乏層幅の 1/100 となる．図 3.23 に構造図とエネルギーバンド図を示す [31]．

31　図 3.23 の領域 2 の空乏層幅は，領域 1 の空乏層幅の 1/100 となることを示すために，0.0096 μm と表記した．

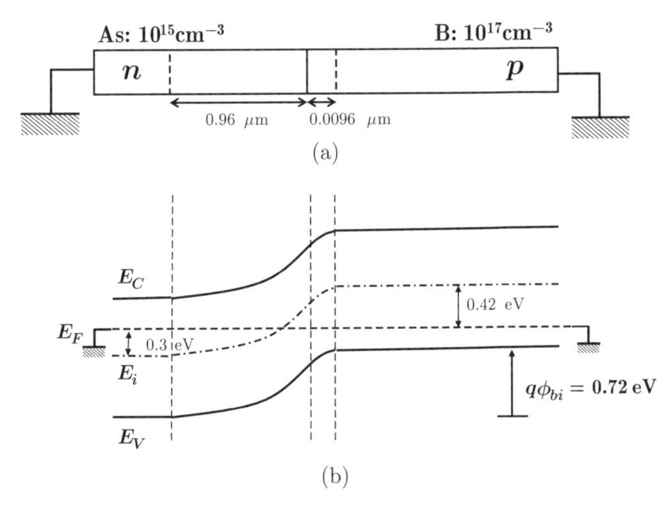

図 3.23　[演習 3.4] の (a) 構造図と (b) エネルギーバンド図.

[解答 3.5]　(a) で V_a に $-0.2\,\mathrm{V}$ を印加した解のみを示し，他は省略する.

領域 2 の空間電荷領域の幅は，不純物濃度の違いから領域 1 の空間電荷領域の幅の 1/100 となる．図 3.24 に構造図とエネルギーバンド図を示す.

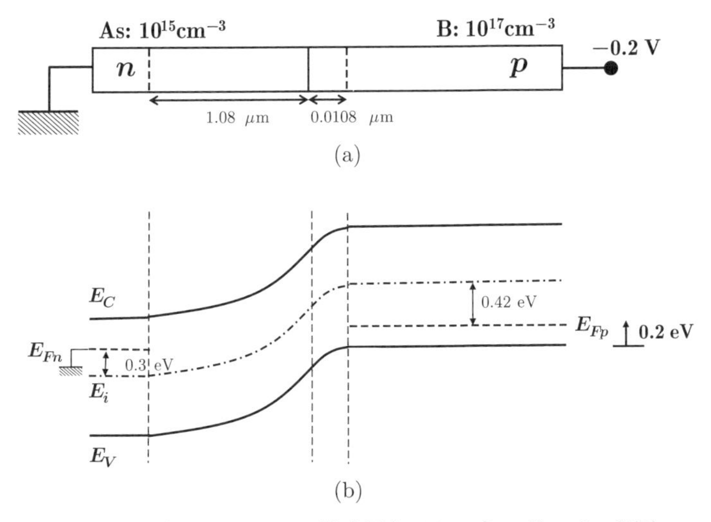

図 3.24　[演習 3.5] の (a) 構造図と (b) エネルギーバンド図.

[解答 3.6]　低注入状態では再結合電流が主であり $n=p$ で再結合が最大となるため，m は 2 となる．中注入状態では拡散電流が主であり，m は 1 となる．高注入状態では，電荷中性を維持しようと $p=n$ となり，さらに抵抗の影響で m は 2 以上となる.

[解答 3.7] 順バイアスの電圧 V を高くすると，図 3.15 に示したように，拡散電流が急激に増える．したがって，図 3.18 の縦軸の電流 I が増え，その成分としては $I_{diff,e}(x_p)$ と $I_{diff,h}(-x_n)$ の比率が高まる．

[解答 3.8] 逆バイアスで，0 V 付近では再結合電流に弱い印加電圧依存性がある．これは，空乏層が延びるためである．一方，拡散電流の印加電圧依存性はほとんどない．これは，電圧 V の印加により空乏層端の少数キャリアが $\exp[qV/(kT)]$ と指数関数的に減るものの，この値は 1 に比べて非常に小さく無視できるためである．

4章　バイポーラトランジスタ

[ねらい]

バイポーラトランジスタは3端子素子で，スイッチとして機能し，さらに信号を増幅することができる．本章のねらいは，エネルギーバンド図によりバイポーラトランジスタの動作と電流増幅を理解することである． pn 接合ダイオードの自然な拡張として，バイポーラトランジスタは理解できる．

また，バイポーラトランジスタがどの程度高い周波数まで増幅デバイスとして機能するかという高周波特性についても学ぶ．

[事前学習]

(1) 4.1節を読み，バイポーラトランジスタのエネルギーバンド図を描けるようにしておく．

(2) 4.2節を読み，電流増幅率 h_{FE} と信号の増幅を理解する．また，高周波でバイポーラトランジスタが動作できなくなる理由を説明できるようにしておく．

[この章の項目]

バイポーラトランジスタのエネルギーバンド図

電流増幅率とカットオフ周波数

4.1　バイポーラトランジスタのエネルギーバンド図

3章で説明した2端子の pn 接合ダイオードは，整流作用を持つ．

ここでは，**バイポーラトランジスタ** (bipolar transistor)[1] を説明する．バイポーラトランジスタは3端子でスイッチとして機能し，さらに信号を増幅することができる．バイポーラトランジスタは pn 接合ダイオードの自然な拡張として理解できる．

1 負の極性の電子と正の極性のホールの2つで動作するので**バイポーラ** (bi-polar) とよぶ．一方，MOSトランジスタは電子またはホールで動作し**ユニポーラ** (uni-polar) である．

4.1.1　バイポーラトランジスタ構造

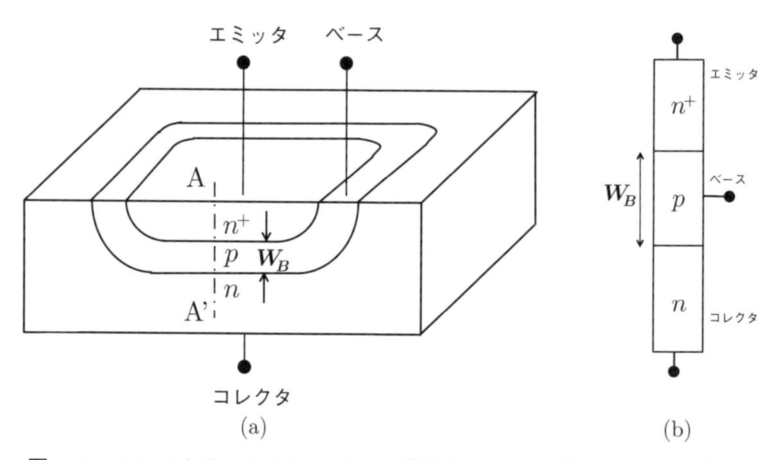

図 4.1　(a) バイポーラトランジスタ構造と (b)A-A′ 断面の1次元構造．

図4.1(a) は，バイポーラトランジスタ構造である．p タイプの**ベース** (base) の上に**エミッタ** (emitter) とよばれる高濃度の n タイプ領域があり[2]，ここから電子がベースに放出される．電子はベース中を拡散し，ベースの下の n タイプの**コレクタ** (collector) に収集される[3]．バイポーラトランジスタとして動作するための重要なポイントが2つある．1つはコレクタが存在することであり，もう1つはベースの幅 W_B が十分に狭いことである[4]．エミッタからベースへ注入された電子は，ベースが狭いためにほとんど再結合せずにベース中を拡散した後にコレクタに収集される．

2 エミッタ領域での n^+ の "+" は濃度が高いことを表す．

3 電子を放出するのでエミッタ，電子を収集するのでコレクタという名がついている．

4 ベース中の少数キャリアである電子の拡散長 L_e に比べて，W_B は十分に狭い ($W_B \ll L_e$)．

簡単化のため，(b) に示す1次元構造のバイポーラトランジスタで説明する．これは，(a) のエミッタ中央の A-A′ に沿った領域に対応したものである．

まずエネルギーバンド図を用いて，バイポーラトランジスタの動作を考えよう．

4.1.2　エネルギーバンド図

図4.2は，3つの端子をすべて接地したバイポーラトランジスタとそのエネルギーバンド図である．pn 接合ダイオードの p タイプ側に n タイプのコレクタをつないだエネルギーバンド図である．熱平衡状態なので電流は流れず，E_F は

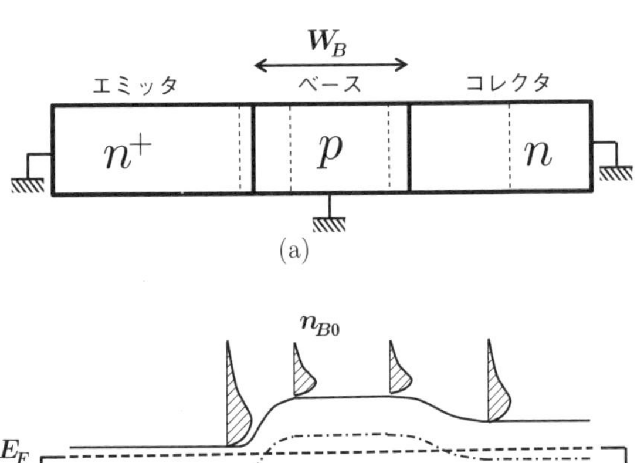

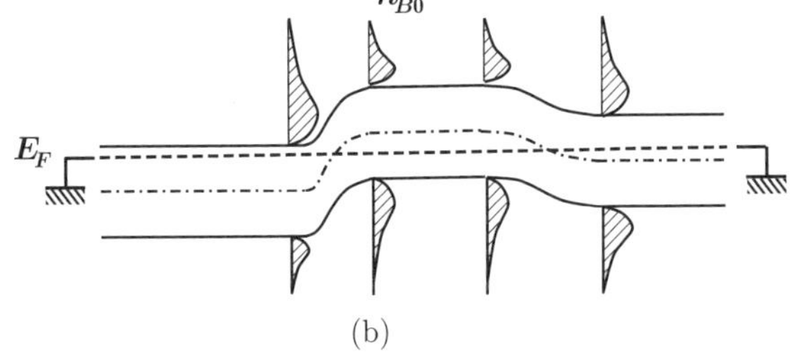

図 4.2　(a) バイポーラトランジスタを接地した場合と (b) エネルギーバンド図.

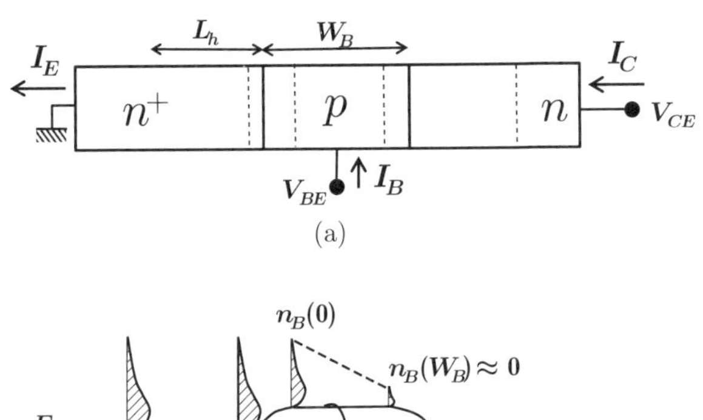

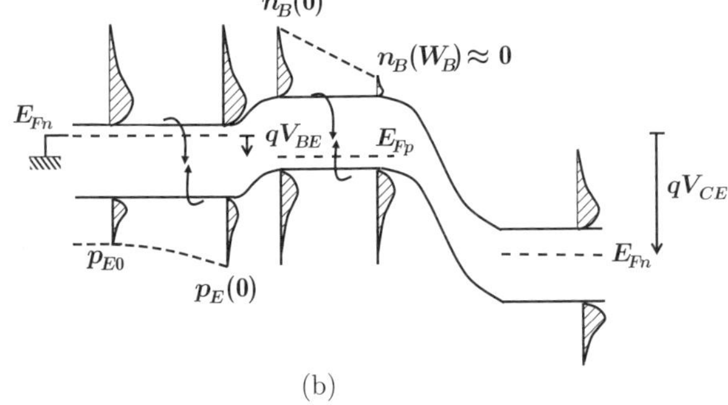

図 4.3　(a) バイポーラトランジスタにバイアスを印加した場合と (b) エネルギーバンド図.

平らである．ベース中の電子密度は熱平衡値となっており，n_{B0} と表記する．

図 4.3 は，バイアスを印加したバイポーラトランジスタとそのエネルギーバンド図である [5]．エミッタを接地してある．エミッタ・ベース間電圧 V_{BE} には順バイアスを印加する．これによりエミッタ・ベース間のポテンシャル・バリアが下がり，電子がエミッタからベースに注入される．$n_B(0)$ は，ベースのエミッタ端の電子密度である．一方，ベース・コレクタ間には逆バイアスを印加 $(V_{CE} > V_{BE})$ してあり，ベース中の電子はコレクタに吸い出される．ベースの

5　エネルギーバンド図を見やすくするため，E_i は省略した.

コレクタ端の電子密度 $n_B(W_B)$ は，逆バイアスの pn 接合ダイオードと同様に0と近似できる．

ベース領域の電子は少数キャリアであり，本来ホールと再結合して消滅するはずである．しかし，W_B が十分狭く，かつ，ベース・コレクタ間に逆バイアスを印加することにより，電子は狭いベース領域を通過してコレクタに収集される．ベース内の電子密度は，W_B が十分狭いため n_B (0) から0に直線的に減少している．

コレクタ電流 I_C は，ベース中での電子の濃度勾配による拡散電流である．pn 接合の順バイアスと同じで，V_{BE} を大きくすると $n_B(0)$ が増え I_C が増加する．

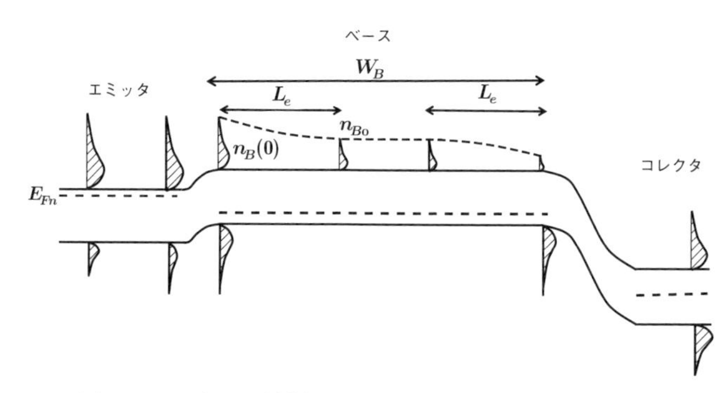

図 4.4　ベース幅 W_B が電子の拡散長 L_e の2倍よりも長い場合のエネルギーバンド図.

バイポーラトランジスタと pn 接合ダイオードとの違いは，コレクタが存在することとベース幅 W_B が狭いことであると述べた．図4.4は，W_B が電子の拡散長 L_e の2倍よりも長い場合である[6]．このデバイスは，バイポーラトランジスタとして動作するだろうか？エミッタからベースに注入した電子は L_e で熱平衡値 n_{B0} になり，一方コレクタから吸い出される電子もベースの内側 L_e で熱平衡値になってしまう．つまり，エミッタから密度 n_B (0) で注入した電子はベース中で熱平衡値に戻ってしまう．このため V_{BE} を変えても I_C は変化せず，バイポーラトランジスタとしては動作しない．バイポーラトランジスタにとって，コレクタの存在と共に W_B が狭いことが重要である．

6　ベースの不純物濃度を $10^{18}\mathrm{cm}^{-3}$ とすると，ベースでの電子の拡散長 L_e は $7\,\mu\mathrm{m}$ である．

図4.5は，npn と pnp バイポーラトランジスタの記号である．pnp バイポーラトランジスタは，エミッタは p タイプ，ベースは n タイプ，コレクタは p タイプである．記号は，エミッタ電流の流れる向きを矢印で表している．pnp バイポーラトランジスタの場合，エミッタからベースにホールが注入されていて，この向きがエミッタ電流となる．

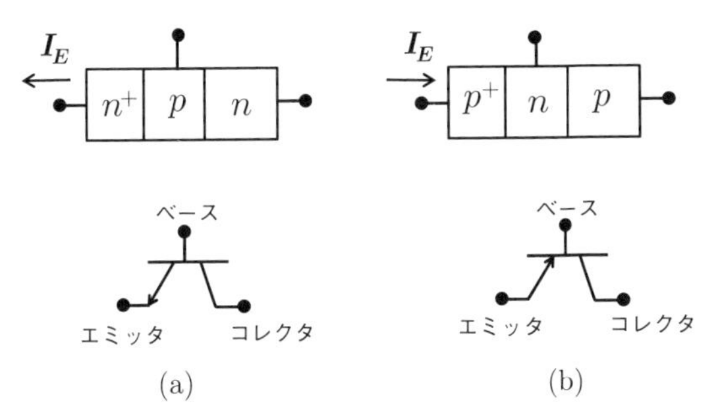

図 4.5　(a) *npn* と (b) *pnp* バイポーラトランジスタの記号.

4.2　電流増幅率とカットオフ周波数

ここでは，バイポーラトランジスタの電流の増幅作用について説明する．また，増幅作用の周波数依存性についてもふれる.

4.2.1　電流増幅率

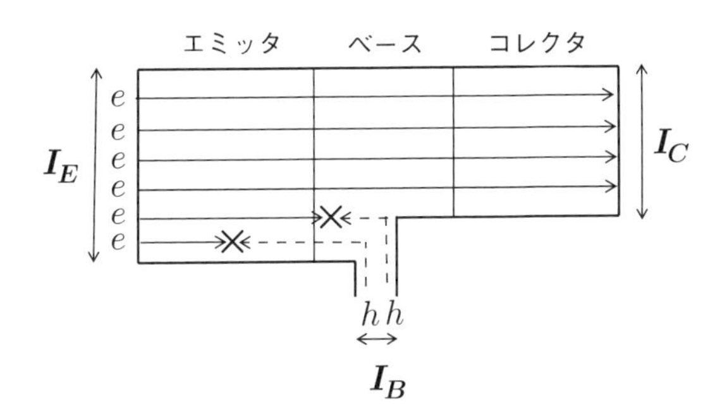

図 4.6　電子とホールの流れの模式図．×は再結合を表す.

まず電流の増幅作用について説明する.

図 4.6 に模式的に示すように，エミッタからベースに注入された電子のほとんど (99%程度) がコレクタに収集される[7]．なお，ベースのホールのごく一部はベース中で電子と再結合し，多くのホールはエミッタに注入され拡散電流となりエミッタで電子と再結合する[8]．I_C はベース中の少数キャリアである電子の拡散で，I_B は主にエミッタ中のホールの拡散で律速[9] される．このように，バイポーラトランジスタは少数キャリアで動作する.

エミッタ電流 I_E は，コレクタ電流 I_C とベース電流 I_B の和である.

$$I_E = I_C + I_B \tag{4.1}$$

I_E の 99%が I_C だとすると，残りの 1%が I_B になる．この場合，I_C と I_B の比は 99 になる．この比を**エミッタ接地** (common emitter) の**電流増幅率** (current amplification factor) h_{FE} といい，次式で定義する.

7　$W_B \ll L_e$ の場合，図 4.3(b) に示したように，ベース中の電子密度の分布は直線になる．この場合，ベース中で電子の濃度勾配 $\frac{dn}{dx}$ は一定で，ベース中の電子電流はエミッタ端とコレクタ端で等しい．つまり，W_B が狭い場合にはベース中の電子の再結合は無視できる．一方，$W_B \ll L_e$ が成り立たない場合は，電子のベース中での再結合は無視できなくなる.

8　エミッタの不純物濃度を $10^{20}\mathrm{cm}^{-3}$ とすると，エミッタでのホールの拡散長 L_h は $0.4\,\mu\mathrm{m}$ である.

9　速度などが律せられ，制御されていること.

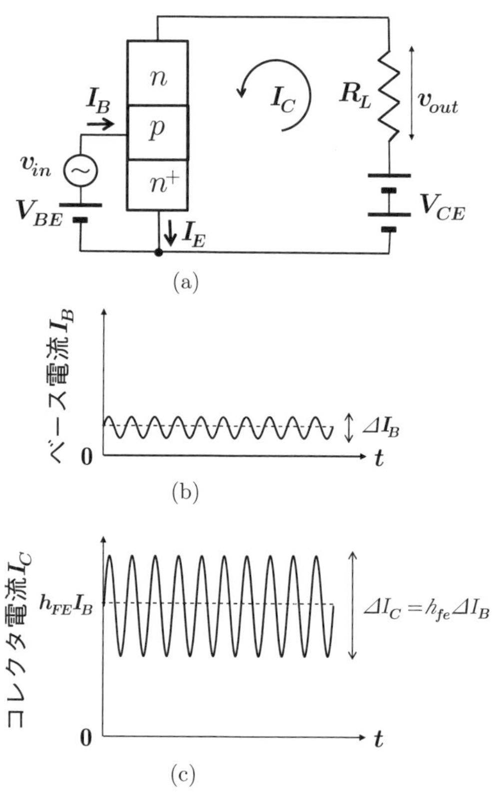

図 4.7　(a) エミッタ接地の電流増幅回路，(b)I_B と (c)I_C.

$$h_{FE} \equiv \frac{I_C}{I_B} \tag{4.2}$$

図 4.7(a) は，エミッタ接地の電流増幅回路である [10]．エミッタを接地し，ベースに入力信号 v_{in} を与える．(b) に示すように I_B が変化し，そして (c) に示すように I_C が変化する．バイポーラトランジスタは，I_B の変化 ΔI_B を h_{fe}（約 100）倍に増幅して ΔI_C に変えることができる [11]．ここで，h_{fe} は**小信号** (small signal) の電流増幅率である．負荷抵抗 R_L により，増幅した ΔI_C を出力電圧 $v_{out}(= \Delta I_C R_L)$ として取り出せる [12].

10　エミッタ接地の他に，ベースあるいはコレクタを接地する回路方式がある．それぞれに特長があるが，一般に電流利得が大きいエミッタ接地が広く用いられる．

11　小振幅の交流信号であり、直流の電流増幅率 h_{FE} ではなく，小信号の電流増幅率 h_{fe} を用いる（【付録 A9】参照）．

12　大振幅の入力信号を与えてベース・エミッタ間接合を順バイアスから逆バイアスへと変えれば（または逆），バイポーラトランジスタはスイッチとして機能する．

4.2.2　電流増幅率の導出

電流増幅率 h_{FE} を表す式を導出しよう．

図 4.8 は，コレクタ電流 I_C とベース電流 I_B のエミッタ・ベース間電圧 V_{BE} 依存性である．I_B は，pn 接合ダイオードの順方向特性と同じである．低注入状態で再結合電流 ($m = 2$)，中注入状態で拡散電流 ($m = 1$)，高注入状態では抵抗と (3.16) 式に表した $p = n$ の影響が現れている ($m > 2$)．一方，I_C は低注入状態での再結合電流はないので，中注入と高注入状態の拡散電流となる．な

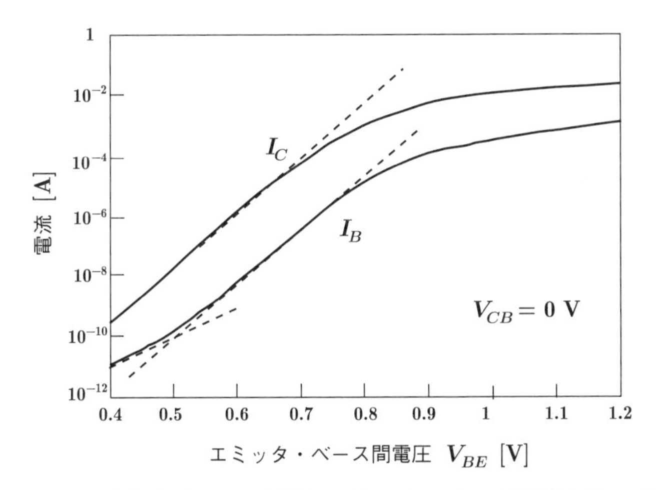

図 4.8 コレクタおよびベース電流のエミッタ・ベース間電圧 V_{BE} 依存性.

お，I_C は I_B よりも低い V_{BE} で高注入状態となり m が大きくなる．これは，電子がエミッタからベースへ，ホールがベースからエミッタへ注入されるが，ベースの不純物濃度がエミッタの不純物濃度よりも低いため，注入する電子の影響で高注入状態となるからである．

中注入状態での h_{FE} を求めよう．I_C は，ベース中の電子密度の勾配による拡散電流として次式で表される（図 4.3(b) 参照）．

$$I_C = qD_e \frac{n_B(0)}{W_B} A \tag{4.3}$$

ここで，$n_B(0)$ は中注入状態での pn 接合ダイオードの (3.15) 式と同様に

$$n_B(0) = \frac{n_i^2 e^{\frac{qV_{BE}}{kT}}}{N_B} \tag{4.4}$$

となる．ここで，N_B はベースの不純物濃度である．I_B もエミッタ中のホールの拡散電流として次式で表される．

$$I_B \approx qD_h \frac{p_E(0) - p_{E0}}{L_h} A \tag{4.5}$$

ここで，$p_E(0)$ はエミッタに注入されたホール密度，p_{E0} はエミッタでのホール密度の熱平衡値である．なお，中注入状態なので I_B の再結合電流は無視した．$p_E(0)$ は，N_E をエミッタの不純物濃度として

$$p_E(0) = \frac{n_i^2 e^{\frac{qV_{BE}}{kT}}}{N_E} \tag{4.6}$$

となる．したがって，h_{FE} は

$$\begin{aligned} h_{FE} &\approx \frac{D_e}{D_h} \frac{n_B(0)}{p_E(0)} \frac{L_h}{W_B} \\ &= \frac{D_e}{D_h} \frac{N_E}{N_B} \frac{L_h}{W_B} \end{aligned} \tag{4.7}$$

となる（p_{E0} は無視した）．h_{FE} を大きくするためには，N_B を低濃度にすると

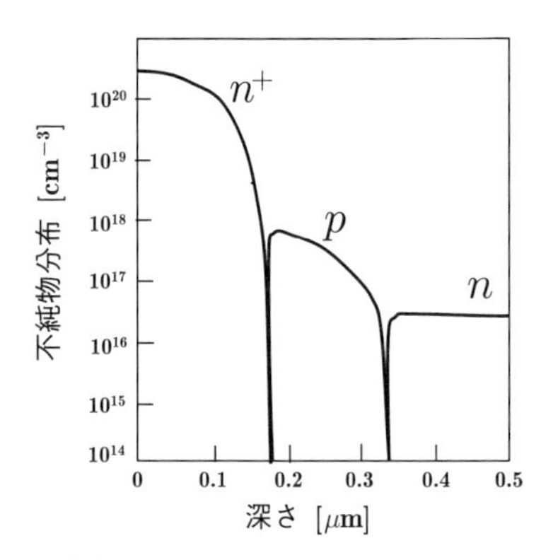

図 4.9　A-A′ 断面でのバイポーラトランジスタの不純物分布.

共に W_B を狭くして I_C を増やし，N_E を高濃度にして I_B を減らせばよい [13].

図 4.9 は，典型的なバイポーラトランジスタの不純物分布である．エミッタは 10^{20}cm^{-3} を越える高濃度となっている．一方，コレクタは 10^{17}cm^{-3} 以下になっているが，これはベース・コレクタ接合での逆バイアスの耐圧を高くするためである．なお，不純物濃度が 10^{17}cm^{-3} を超えると，バンドギャップ・ナローイングや少数キャリア移動度などの高不純物濃度効果が現れる．これらについては【付録 A10】に記した.

13　ベース濃度 N_B を下げ過ぎると，ベース抵抗などの影響を受ける．また，ベースの両側からの空間電荷領域がつながるという現象（パンチスルーとよぶ）が起きる.

4.2.3　カットオフ周波数

ここでは，バイポーラトランジスタがどの程度の高い周波数まで動作するかを表す**カットオフ周波数**（cutoff frequency，遮断周波数）f_T について説明する.

エミッタ接地増幅回路を図 4.7 で説明した．入力信号の周波数が高くなると I_C が追従できなくなる．つまり，バイポーラトランジスタの高周波での動作限界となる．小信号電流増幅率 $|h_{fe}|$ が 1 となる周波数をカットオフ周波数 f_T と定義する [14].

14　f_T の詳細は，【付録 A9】に示す.

図 4.10 は，カットオフ周波数 f_T の I_C 依存性である．I_C の増加と共に f_T も増加する．f_T はピークとなり，その後 I_C の増加で f_T は低下する．この理由について説明する．f_T は次式で表される.

$$f_T = \frac{1}{2\pi\tau_{EC}} \tag{4.8}$$

ここで，τ_{EC} は応答の遅れ時間であり，

$$\tau_{EC} = \tau_E + \tau_B + \tau_x + \tau_C \tag{4.9}$$

と表される．ここで，τ_E は**エミッタ充電時間** (emitter charging time)，τ_B は**ベース走行時間** (base transit time)[15]，τ_x はコレクタ空乏層走行時間，τ_C はコレクタ充電時間とよばれる [10)]．主要な τ_E と τ_B について以下に説明する.

15　ベース領域充電時間ともよばれる.

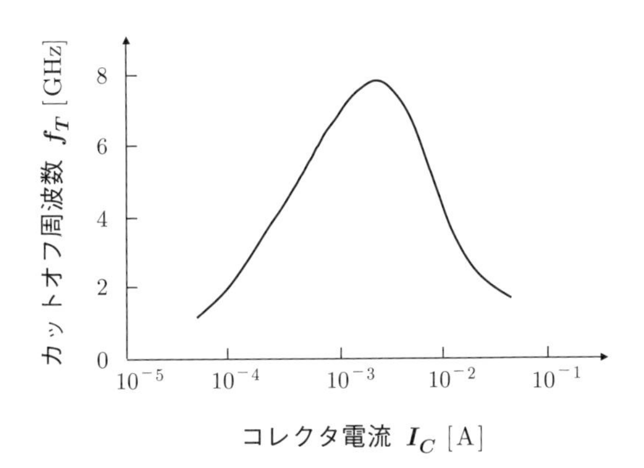

図 4.10 カットオフ周波数のコレクタ電流依存性.

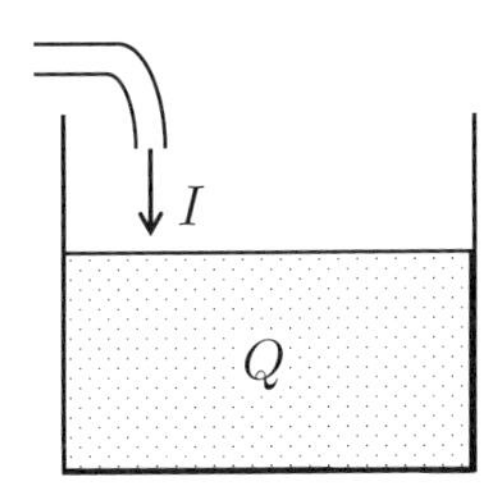

図 4.11 電荷 Q を電流 I で充電するために要する時間 τ の説明図.

電荷 Q を電流 I で充電する時間 τ は，図 4.11 に示すように

$$\tau = \frac{Q}{I} \tag{4.10}$$

で与えられる．Q が小さくて I が大きければ高速に充電でき，τ は短い．

τ_E は，エミッタ接合容量 C_{jE} [16] にエミッタ電荷 Q_E を I_E で充電する時間である [17].

$$\tau_E = \frac{Q_E}{I_E} \tag{4.11}$$

I_E が大きいほど早く充電でき，τ_E は短くなる．図 4.10 の f_T-I_C 特性で，I_C の低い領域では τ_E が支配的であり，I_C の増加と共に高速に動作し f_T は高くなる [18].

τ_B は，ベース電荷 Q_B を I_E で充電する時間である．I_E と I_C はほぼ等しいため，τ_B は次式で与えられる．

$$\tau_B \approx \frac{Q_B}{I_C} \tag{4.12}$$

ここで，Q_B は図 4.3 (b) に示したベース中の電子電荷であり，次式で表される．

$$Q_B = -q\frac{1}{2}n_B(0)W_BA \tag{4.13}$$

(4.3) 式の I_C を用いて，τ_B は

$$\tau_B = \frac{W_B^2}{2D_e} \tag{4.14}$$

16 エミッタ・ベース間の接合容量である．

17 別の説明をすると，τ_E はエミッタ抵抗 r_E を介して C_{jE} を充電する時間である．つまり，$\tau_E = r_E \cdot C_{jE}$ である．ここで，$r_E = \partial V_{BE}/\partial I_E \approx (\partial I_C/\partial V_{BE})^{-1} = kT/(qI_C)$ となる．つまり，$\tau_E = kT/q \cdot C_{jE}/I_C$ であり，I_C の増加と共に τ_E は減少し高速に動作する．

18 I_E と I_C は，ほぼ同じ値である（典型的には，$I_C = 0.99\, I_E$）．

となる．τ_B に W_B が効く．W_B が広くなると，充電すべき電荷 Q_B が増加し，一方 I_C は減少する．このため，動作が遅くなり f_T は低下する．

図 4.10 の f_T-I_C 特性で，I_C の高い領域での f_T の低下は τ_B が原因である．高注入状態になるとベース中の電子がコレクタにあふれ出し，電荷中性を満たそうとホールもコレクタに広がる[19]．これは実効的に W_B が広がることに相当し，f_T が低下する．

19　ホールがベースからコレクタに広がる現象は，ベース押し出し (base push out) 効果とよばれる[11)]．

この章では，バイポーラトランジスタの増幅機能を中心に説明した．バイポーラトランジスタの動作は，pn 接合ダイオードの拡張として，エネルギーバンド図を用いて直観的に理解できる．バイポーラトランジスタが機能するためのポイントは，ベース幅 W_B が狭いこととコレクタが存在することである．

[4章のまとめ]

1. バイポーラトランジスタは，信号を増幅できる．
2. バイポーラトランジスタの特徴は，ベース幅 W_B が狭く，かつ，コレクタが存在することである．エミッタからベースに注入された電子のほとんどは，狭いベース領域を再結合することなく通過してコレクタに収集される．
3. 電流増幅率 h_{FE} は I_C/I_B で，典型的には 100 程度である．
4. h_{FE} を大きくするには，ベース濃度 N_B を低く，そして W_B を狭くして I_C を増やすと共に，エミッタ濃度 N_E を高くして I_B を減らす．
5. 周波数が高くなると，バイポーラトランジスタは動作できなくなる．この周波数をカットオフ周波数 f_T という． f_T を高くするためには，W_B を狭くすることが有効である．

4章　演習問題

[演習 4.1] 図 4.12 に示すエミッタ接地のバイポーラトランジスタ構造で，エミッタにドープした不純物は As で $10^{18}\mathrm{cm}^{-3}$，ベースは B で $10^{17}\mathrm{cm}^{-3}$，コレクタは As で $10^{15}\mathrm{cm}^{-3}$ とする．以下の 2 つのバイアス条件でのエネルギーバンド図を描け．構造図に空間電荷領域の幅を描き，次にエネルギーバンド図を描け．温度は 300 K とする．

(a)　ベースとコレクタも接地（$V_{BE} = V_{CE} = 0$ V）．なお，ベース中の空乏層幅はエミッタ・ベース接合側で 100 nm，ベース・コレクタ接合側で 10 nm とする．

(b)　$V_{BE} = 0.2$ V，$V_{CE} = 0.5$ V．なお，ベース中の空間電荷領域の幅はエミッタ・ベース接合側で 90 nm，ベース・コレクタ接合側で 11 nm とする．

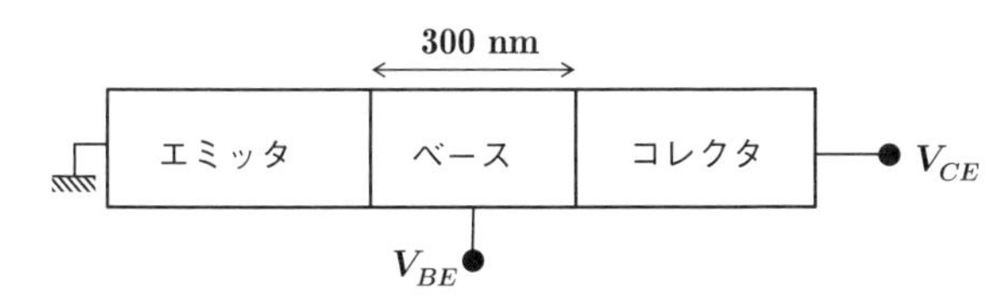

図 4.12　エミッタ接地のバイポーラトランジスタ構造.

[演習 4.2] 図 4.12 に示すエミッタ接地のバイポーラトランジスタ構造で，エミッタは B で $10^{18}\mathrm{cm}^{-3}$，ベースは As で $10^{17}\mathrm{cm}^{-3}$，コレクタは B で $10^{15}\mathrm{cm}^{-3}$ とする．以下の 2 つのバイアス条件でのエネルギーバンド図を描け．温度は 300 K とする．

(a)　ベースとコレクタも接地（$V_{BE} = V_{CE} = 0$ V）．なお，ベース中の空乏層幅はエミッタ・ベース接合側で 100 nm，ベース・コレクタ接合側で 10 nm とする．

(b)　$V_{BE} = -0.2$ V，$V_{CE} = -0.5$ V．なお，ベース中の空間電荷領域の幅はエミッタ・ベース接合側で 90 nm，ベース・コレクタ接合側で 11 nm とする．

[演習 4.3] [演習 4.1] に示したエミッタ接地バイポーラトランジスタのベース走行時間 τ_B を求めよ．さらに，τ_B からカットオフ周波数 f_T を求めよ．なお，拡散係数 D_e は $20\,\mathrm{cm}^2/\mathrm{s}$ とする．

4章　演習問題解答

[解答 4.1]

(a)　空間電荷領域の幅はエミッタ側でベース接合側 100 nm の 1/10 で 10 nm, コレクタ側でベース接合側 10 nm の 100 倍の 1 μm である．図 4.13 に構造図とエネルギーバンド図を示す．

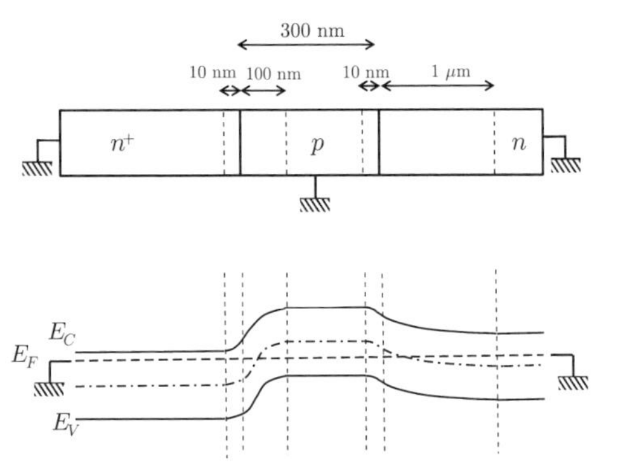

図 4.13　[演習 4.1] (a) の構造図とエネルギーバンド図．

(b)　図 4.14 に構造図とエネルギーバンド図を示す．E_i は省略した．

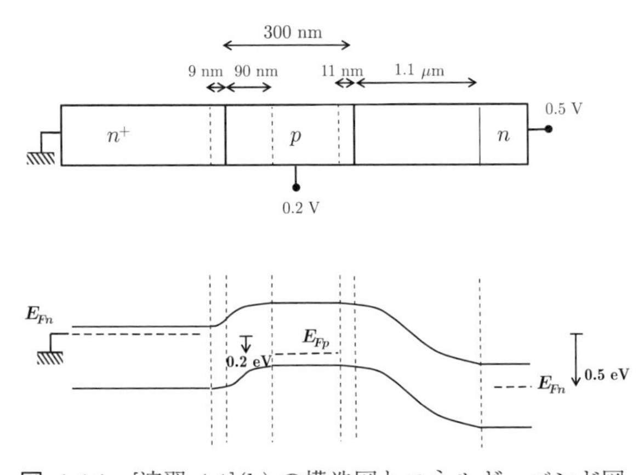

図 4.14　[演習 4.1](b) の構造図とエネルギーバンド図．

[解答 4.2]

(a)　図 4.15 にエネルギーバンド図を示す．*pnp* バイポーラトランジスタである．E_i は省略した．

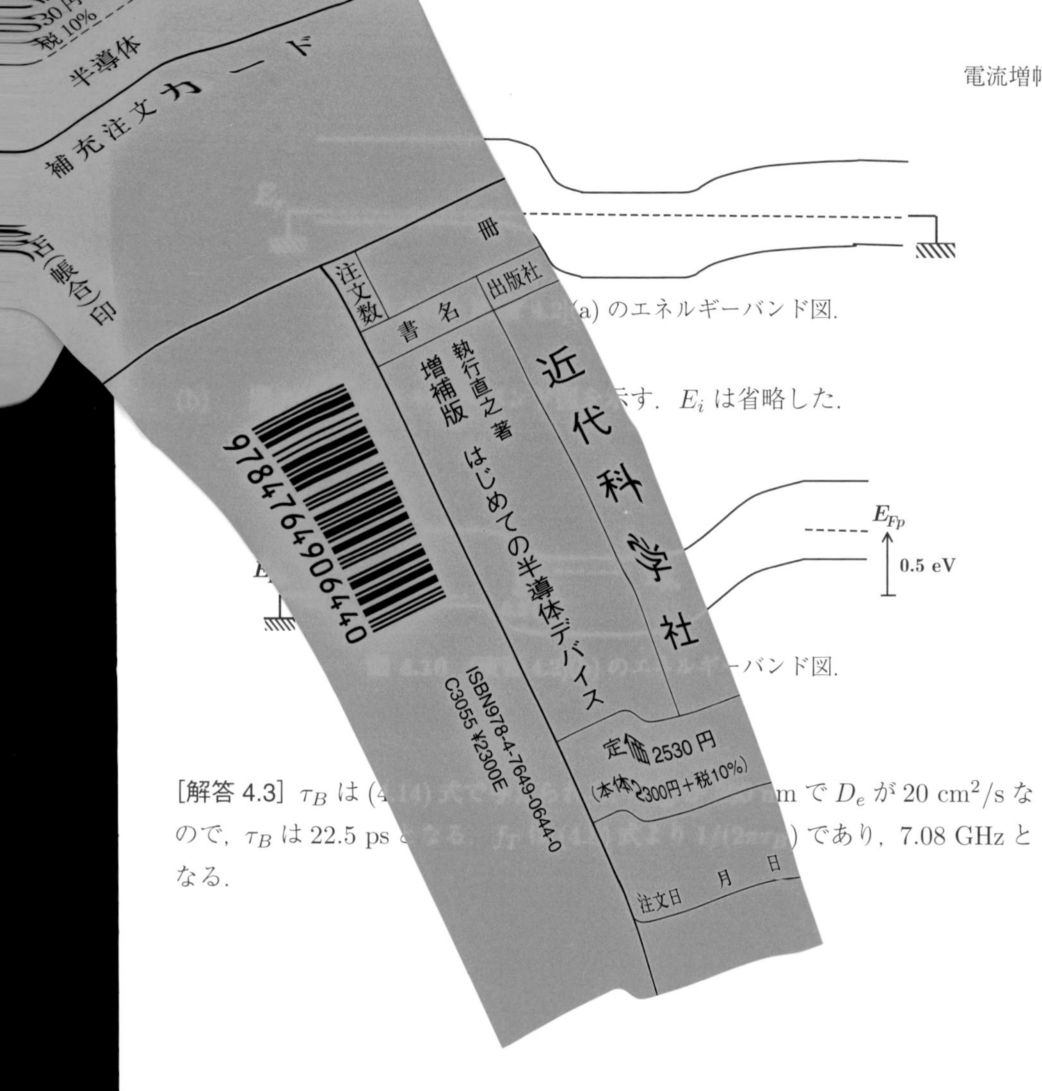

(a) のエネルギーバンド図.

示す．E_i は省略した.

図 4.10 ... のエネルギーバンド図.

[解答 4.3] τ_B は (4.14) 式で ... m で D_e が 20 cm^2/s なので，τ_B は 22.5 ps となる．...) であり，7.08 GHz となる.

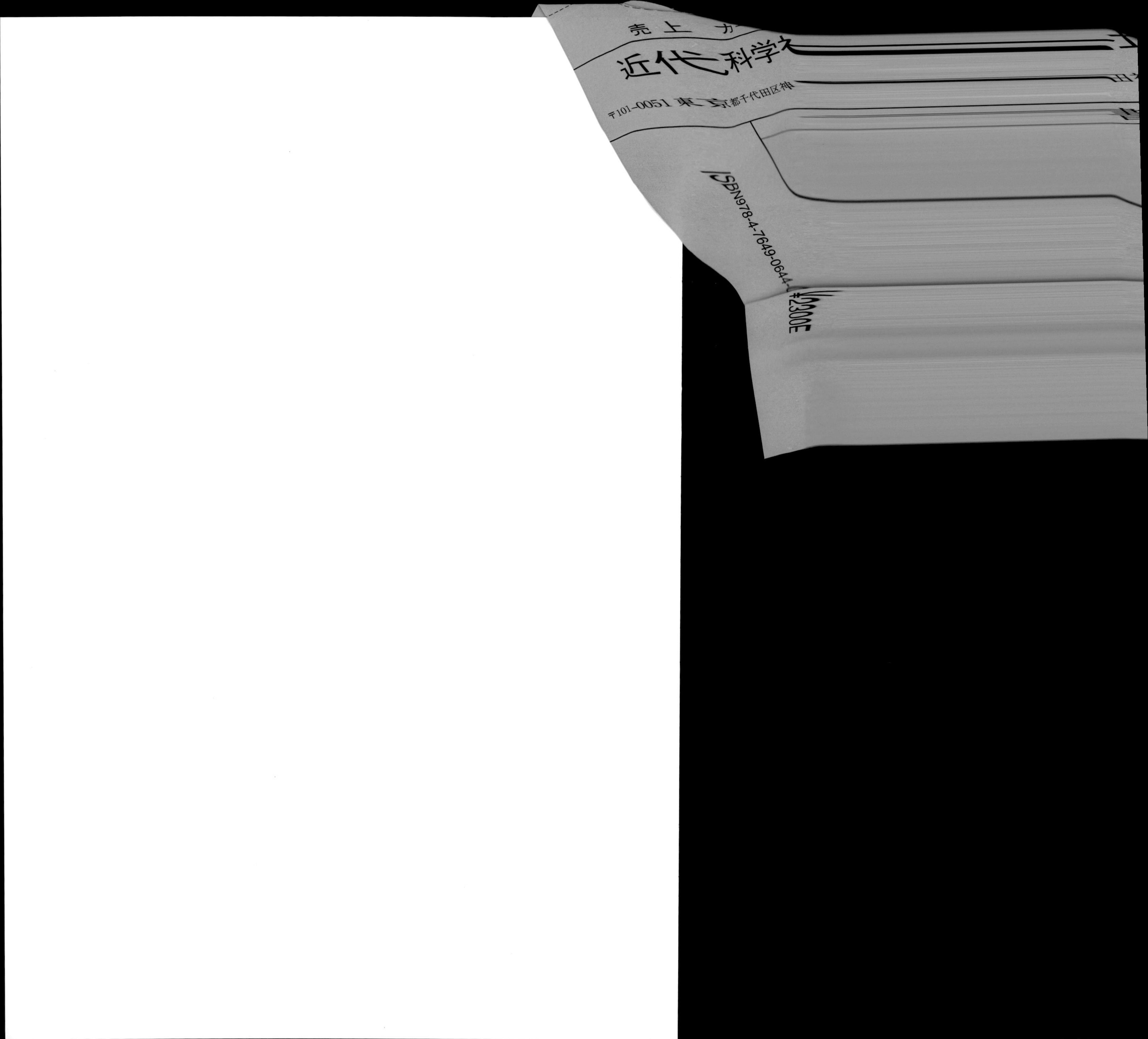
売 上 カ
近代科学
〒101-0051 東京都千代田区神
ISBN978-4-7649-0644-
¥2300E

5章　MOSキャパシタ

[ねらい]

ここでは，6章のMOSトランジスタの動作を理解する上で重要となるMOSキャパシタについて学ぶ．MOSキャパシタのゲート電圧に対する容量特性であるC-V特性を用いて，4つの動作領域（蓄積，フラットバンド，空乏，反転）を知る．次に，エネルギーバンド図を用いてC-V特性の振る舞いを理解する．さらに，C-V特性の周波数依存性について学ぶ．

[事前学習]

(1) 5.1節を読み，MOSキャパシタのC-V特性を4つの動作領域（蓄積，フラットバンド，空乏，反転）で説明できるようにしておく．

(2) 5.2節を読み，4つの動作領域のエネルギーバンド図を描けるようにしておく．

(3) 5.3節を読み，高周波で反転領域の容量が低下する理由について説明できるようにしておく．

[この章の項目]

MOSキャパシタのC-V特性

MOS構造のエネルギーバンド図

C-V特性の周波数依存性

5.1　MOSキャパシタの C-V 特性

ここでは，容量素子であるMOSキャパシタを学ぶ．MOSキャパシタを理解することが，次章で学ぶMOSトランジスタの理解につながる．

5.1.1　容量の説明

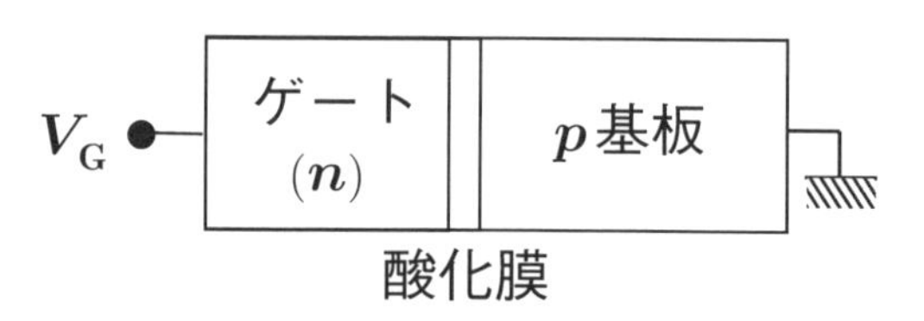

図 5.1　MOSキャパシタの構造.

MOSキャパシタの構造を図5.1に示す．通常集積回路で用いられているMOSキャパシタは，p 基板上に絶縁膜である酸化膜 (SiO_2) があり，その上にゲートの n タイプ**多結晶** (polycrystal)[1] Siがある．酸化膜は絶縁膜であり，ゲート・p 基板間に直流の電流は流れない[2]．MOSキャパシタは，ゲート電極と p 基板は電気的に絶縁されており**容量** (capacitance) 素子となる．

1 SiO_2 上には単結晶のSiは成長せず，多結晶になる．

2 交流電流は流れる．正確には，図5.3に示すような交流信号をゲートに印加すると，p 基板に伝わる．ゲートの電圧を ΔV_G 増加すると，p 基板に負の電荷 ΔQ が誘起される．つまり，ゲートから p 基板に交流信号が伝わる．

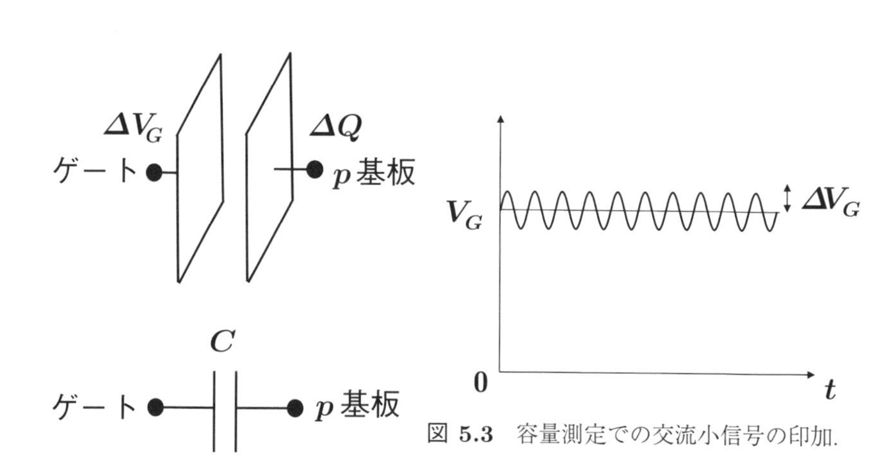

図 5.2　ゲートと p 基板の間の容量 C.

図 5.3　容量測定での交流小信号の印加.

図5.2に示すように，ゲートと p 基板の間の容量 C は，ゲートの電圧を ΔV_G 変化させたときの p 基板の電荷の変化 ΔQ より，

$$C \equiv -\frac{\Delta Q}{\Delta V_G} \tag{5.1}$$

となる[3]．容量 C は，図5.3に示すような直流バイアス V_G に交流の小信号 ΔV_G を重ねた電圧を印加し，電荷の変化 ΔQ を測定することにより求める．

3 (5.1) 式の負の符号は，C を正の値にするためである．ゲートに正の電圧 ΔV_G を印加すると，p 基板に負の電荷 ΔQ が誘起され，(5.1) 式の C は正となる．

5.1.2　MOS キャパシタの容量

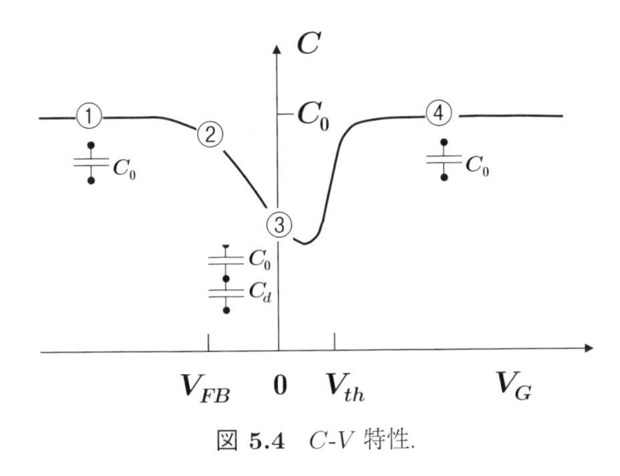

図 5.4　C-V 特性.

図 5.4 は，p 基板上の MOS キャパシタの C-V 特性である（単位面積当たり）．MOS キャパシタの容量 C はゲート電圧により変化して，① から ④ のような特性となる．ゲート電圧 V_G が十分に低い場合（① の状態），容量 C は酸化膜の容量 C_0 となる [4]．**フラットバンド** (flat band) 電圧とよばれる V_{FB}（② の状態）よりも V_G を上げると，容量 C が低下する（③ の状態）．しかし，V_G に**しきい値電圧** [5] (threshold voltage)V_{th} を超える電圧を印加すると，容量 C は急激に増大し，最終的にはほぼ C_0 になる（④ の状態）．

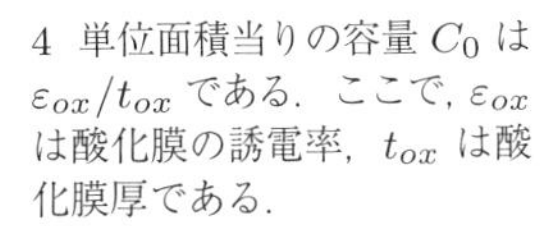
4　単位面積当りの容量 C_0 は ε_{ox}/t_{ox} である．ここで，ε_{ox} は酸化膜の誘電率，t_{ox} は酸化膜厚である．

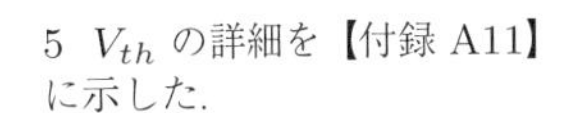
5　V_{th} の詳細を【付録 A11】に示した．

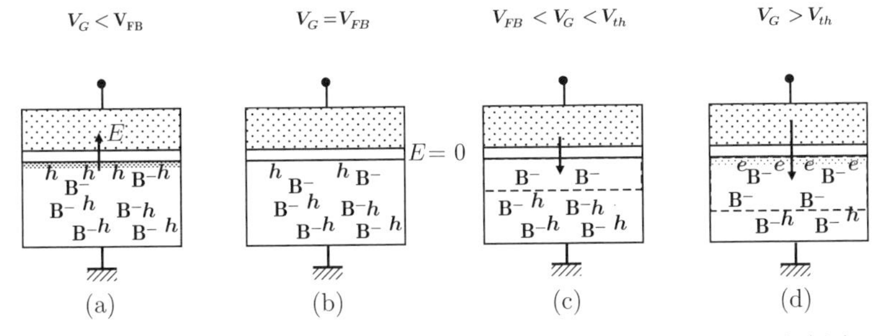

図 5.5　(a) 蓄積領域，(b) フラットバンド，(c) 空乏領域，(d) 反転領域.

この C-V 特性を 4 つの領域に分け，図 5.5 を用いて説明する．ポイントは，V_G の電圧の変化 ΔV_G に対して，どこの電荷が反応するかである．(a) に示す V_G が V_{FB} よりも低い ① の領域では，酸化膜/p 基板界面にホールが集まる [6]．これを**蓄積** (accumulation) 状態といい，この電圧の範囲を蓄積領域という [7]．ホールは多数キャリアであるので，ΔV_G に対して酸化膜/p 基板界面のホール電荷が ΔV_G に追従して変化し，C は C_0 となる．このとき，MOS キャパシタの電界 E は，(a) に矢印で示すように，p 基板からゲート電極に向かっている．

6　ゲート/酸化膜界面には，電子が集まる．

7　$V_G \leq V_{FB}$ ではゲートと p 基板に空乏層はない．

(c) に示す ③ の $V_{FB} < V_G < V_{th}$ は，**空乏** (depletion) 領域という．V_G により酸化膜/p 基板界面に空乏層ができる．C としては，C_0 と空乏層の容量 C_d が直列になっている．ゲート電圧 V_G の変化に対して空乏層幅が変化する．つまり，ΔV_G に応答するのは空乏層の端である．C は C_0 と C_d の直列接続となり，C_0 よりも小さくなる．E は，ゲートから空乏層中のイオン化した B^- に向かう．

(d) に示す ④ の $V_{th} < V_G$ の領域は，**反転** (inversion) 領域という．V_G の正の電圧により，酸化膜/p 基板界面には電子が誘起される．p タイプの基板に電子が誘起されるため反転といい，この電子が誘起された層を**反転層** (inversion layer)[8] という．ΔV_G に応答するのは反転層の電子であり（低周波の場合．詳細は5.3節で述べる），C は C_0 となる．E は，ゲートから p 基板に向かう．なお，(b) に示す ② の $V_G = V_{FB}$ では，C は C_0 よりも小さくなる [9]．

8 反転層の厚さは数 nm である．電子密度は界面から指数関数的に減少する．より正確には，界面で電子はポテンシャル井戸に閉じ込められており量子効果が現れている [12)]．

9 $V_G = V_{FB}$ のとき．p 基板そしてゲートも電荷的に中性になっている．電気力線が発生せず，E は0となる．しかし，このとき C は C_0 より小さい．この理由は，V_G が V_{FB} から ΔV_G 変化したとき，ゲートからの電気力線を遮蔽できずに p 基板側が空乏化し，C は C_0 よりも小さくなるためである [13)]．特に，p 基板の不純物濃度が低いとき顕著になる．

5.2　MOS構造のエネルギーバンド図

ここでは，前節の内容をエネルギーバンド図を使って説明する．

5.2.1　エネルギーバンド図（接地）

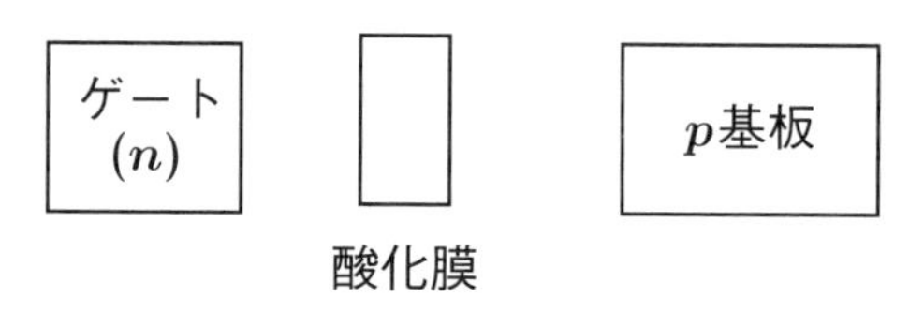

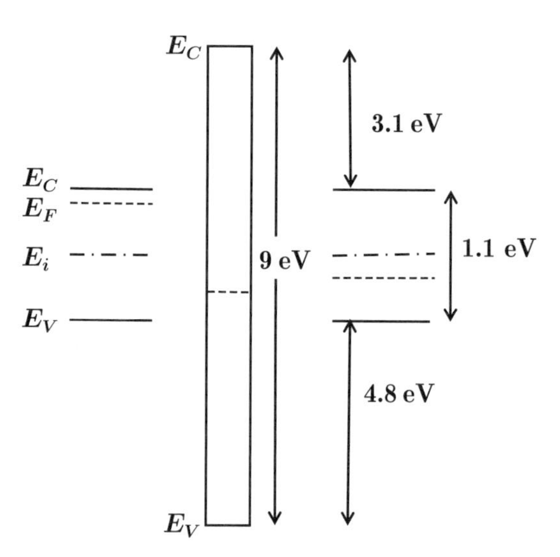

図 5.6　結合前のエネルギーバンド図．

まず $V_G = 0\,\mathrm{V}$ のエネルギーバンド図を描こう．pn 接合と大きく異なるのは，酸化膜があることである．しかし，基本は同じである．図 5.6 は，n タイプのゲート，酸化膜そして p 基板を結合する前のエネルギーバンド図である[10]．酸化膜のエネルギーギャップ E_g は $9\,\mathrm{eV}$ で，伝導帯の E_C は酸化膜と Si で $3.1\,\mathrm{eV}$ 異なり，価電子帯の E_V は $4.8\,\mathrm{eV}$ 異なる．

10　酸化膜の E_g は $9\,\mathrm{eV}$ で Si の E_g は $1.1\,\mathrm{eV}$ のため，図 5.6 はじめ本章のエネルギーバンド図の縦軸のスケールは正確ではない．

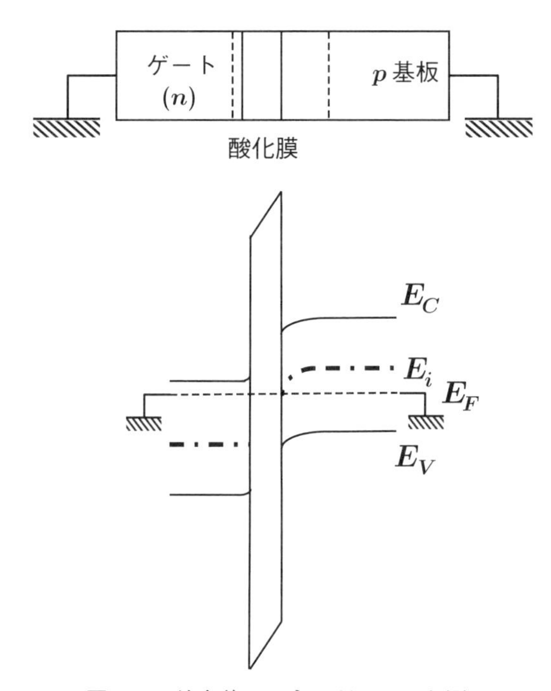

図 5.7　結合後のエネルギーバンド図.

図 5.7 は，結合後のエネルギーバンド図である．酸化膜で電位降下し，その分 Si の空乏層にかかる電圧は pn 接合の場合よりも減少する．これ以外は，pn 接合と同じである．エネルギーバンド図の描き方を以下に説明する．

① まず空乏層の幅を描く．このとき，不純物濃度の低い側の空乏層幅を拡くする．

② ゲートと p 基板の E_F を水平に描く．

③ ゲートの中性領域の E_i を描く．次に，E_C と E_V を描く．

④ 同様に，p 基板の中性領域の E_i そして E_C と E_V を描く．

⑤ 空乏層の Si の E_C と E_V を描く．酸化膜を境に下に凸と上に凸の 2 次関数で描く．

⑥ 酸化膜のエネルギーバンドを描く．酸化膜中のエネルギーバンドは直線で傾く．この傾きは Si 表面のエネルギーバンドの傾きの 3 倍とする．この理由については，図 5.8 で説明する．

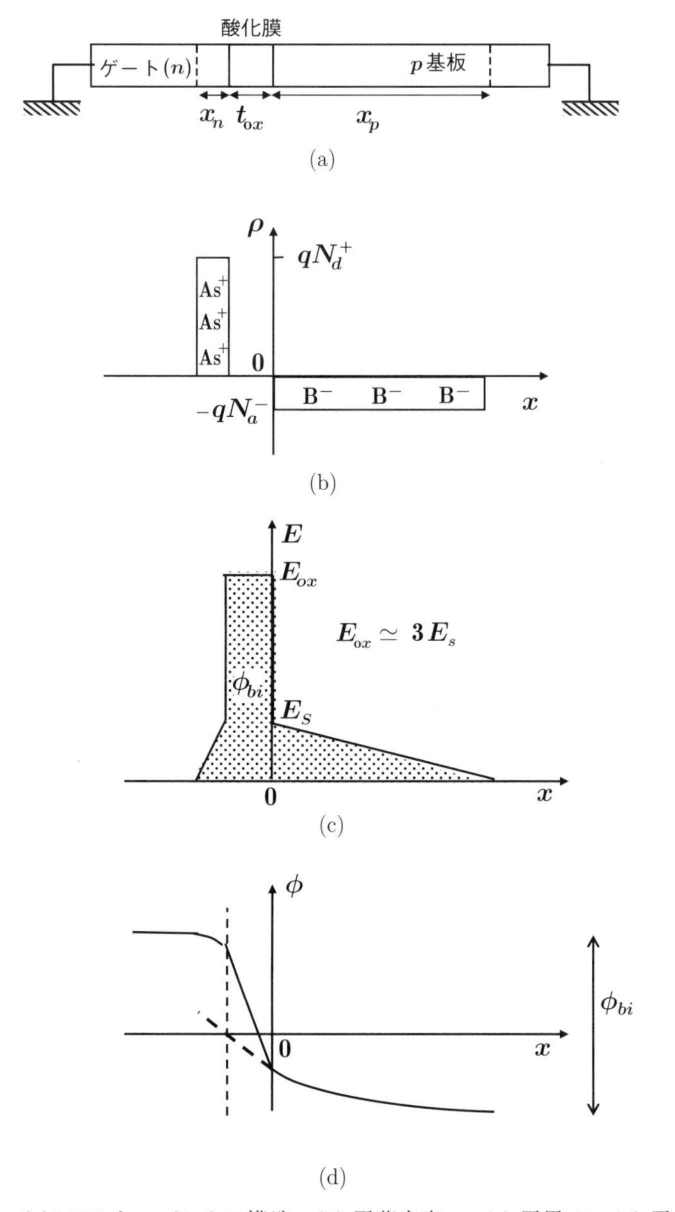

図 5.8　(a)MOS キャパシタの構造，(b) 電荷密度 ρ，(c) 電界 E，(d) 電位 ϕ.

次に，電荷密度 ρ，電界 E と電位 ϕ について説明する．図 5.8(a) は，MOS キャパシタの構造である．ここで，t_{ox} は酸化膜 SiO_2 の膜厚である．(b) は電荷密度 ρ である．酸化膜中には電荷がない理想的な絶縁膜と仮定する．(c) は電界である．ゲートの As^+ から出た電気力線は酸化膜中では終端せず（電荷が無いため），p 基板のイオン化した B^- に終端する．このため，酸化膜中の電気力線の本数（面密度），つまり電界は一定である．なお，酸化膜の誘電率は Si の誘電率の約 1/3 である．E は Q/ε であり，酸化膜の電界は Si と材質が違うために誘電率が異なり Si 表面の電界の約 3 倍となる．ハッチングした電界の面積 ($\int Edx$) が内部電位 ϕ_{bi} になる．(d) は電位分布である．注意すべきポイントが 2 つある．1 つは，酸化膜中の電位変化は直線である．これは，酸化膜中に電荷がなく，電気力線が終端しないためである．つまり，電気力線の本数が変わらず，電界が一定となるからである．2 つ目は，酸化膜中の電位の傾き ($d\phi/dx$) である．電位の傾きは電界に対応しており，酸化膜中の電位の傾きは酸化膜/p 基板界面の 3 倍となる．電位の形を上下逆さまにした形がエネルギーバンド図に対応している．

5.2.2 エネルギーバンド図（ゲート電圧の印加）

次に，ゲート電圧を印加した場合のエネルギーバンド図を考えよう．

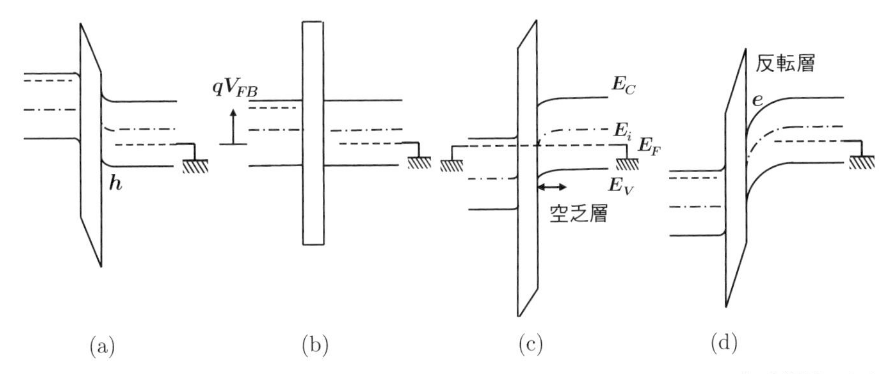

図 5.9 エネルギーバンド図．(a) 蓄積領域，(b) フラットバンド，(c) 空乏領域，(d) 反転領域．

図 5.9 は，C-V 特性の 4 つの領域のエネルギーバンド図である．(c) の $V_G = 0\,\mathrm{V}$ は，図 5.7 で示した．ゲートに負電圧を印加した (b) の $V_G = V_{FB}$ では，Si および酸化膜領域のエネルギーバンドはフラットになり，電界は発生しない．フラットバンドという名の由来である [11]．(a) の蓄積領域 ($V_G < V_{FB}$) では，酸化膜/p 基板界面のエネルギーバンドがわずかに上に曲がり，ホールが界面の電位に対して指数関数的に発生している．一方，(d) の反転領域 ($V_{th} < V_G$) では，酸化膜/p 基板界面のエネルギーバンドが下に曲がり，電子が界面の電位に応じて指数関数的に発生する．

11 フェルミレベルにいる電子を真空レベルまで引き上げるエネルギーを**仕事関数** (work function) という．V_{FB} は，ゲートと基板の仕事関数の差である．

図 5.10 は，反転領域での電荷分布である．正のゲート電荷 Q_G に対応する負の電荷が，空乏層の電荷 Q_b と反転層の電子電荷 Q_n である．ゲートの電圧変化 ΔV_G が低周波のときは，V_G をさらにかけても空乏層は延びず一定である．V_G の増加によるゲート電荷増 ΔQ_G には，電子の増加 ΔQ_n が応答しているからである（詳細は 5.3 節で述べる）．

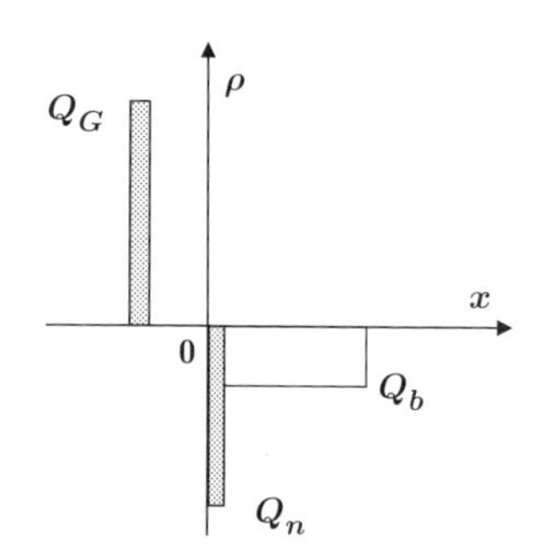

図 **5.10** 反転領域での電荷分布.

5.3 C-V 特性の周波数依存性

図 5.11 は，C-V 特性の周波数依存性である．高周波では，反転領域の C は C_0 より小さくなる．この周波数依存性について説明する．

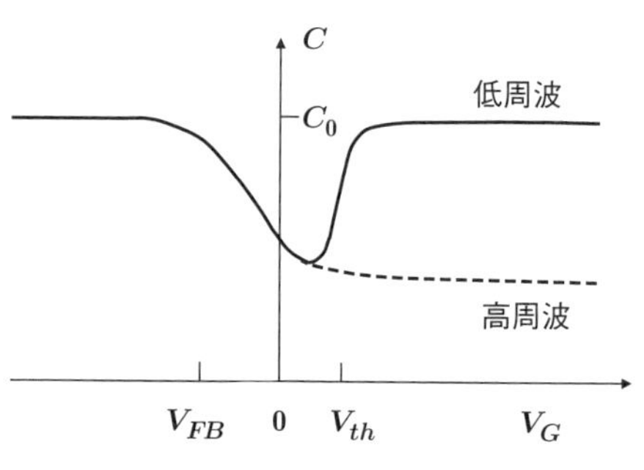

図 **5.11** C-V 特性の周波数依存性.

5.3.1 低周波の C-V 特性

まず低周波での C-V 特性を説明する．図 5.12(a) に示すように，V_G に ΔV_G を加えると空乏層が延びる．次に，(b) に示すように，空乏層中で電子とホールが生成し，ホールは空乏層を p 基板側に移動する．そして，(c) に示すように，(a) で延びた空乏層分を埋める．つまり，ホールが B^- に戻り中性となる ($h + B^- \to B$)．一方，電子は酸化膜/p 基板界面に移動し，反転層の電荷 Q_n を増やす．つまり，低周波では ΔV_G に対し酸化膜/p 基板界面の ΔQ_n が応答し，C は酸化膜容量 C_0 となる．

5.3.2 高周波の C-V 特性

次に，高周波で C が C_0 より小さい理由を説明する [14)]．空乏層中の電子とホールの生成には，時間がかかる．したがって，高周波になると，図 5.3 の交流小信号の変化に電子とホールの生成（および再結合）が追従できなくなる．こ

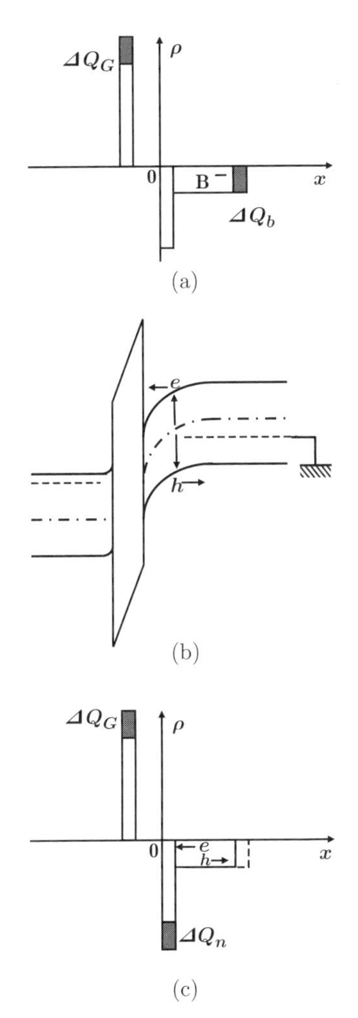

図 5.12 低周波での反転層での電子の応答．(a)ΔV_G に応答する空乏層の電荷 ΔQ_b，(b) 電子とホールの生成，(c)ΔV_G に応答する電子の電荷 ΔQ_n．

の場合，ΔQ_G には空乏層の ΔQ_b が応答する．このため，C は C_0 よりも小さくなる．なお，MOS トランジスタのようにソースとドレインがあれば，生成ではなくソースとドレインから電子が供給されるため，高周波でも C は酸化膜容量 C_0 となる [12]．

本章では，MOS キャパシタの C-V 特性を学んだ．4 つの動作領域（蓄積，フラットバンド，空乏，反転）での容量をエネルギーバンド図で説明した．この MOS キャパシタの理解が，次の MOS トランジスタで役立つ．

12 ソースとドレインがあってもチャネルが長いと電子の供給に時間がかかる．このため，高周波ではゲートの小信号に追従できなくなる（[演習 5.7] を参照）．

［5章のまとめ］

1. MOS キャパシタの C-V 特性は，4 つの動作領域（蓄積，フラットバンド，空乏，反転）で説明できる．
2. MOS キャパシタのエネルギーバンド図は，pn 接合ダイオードを基に n 領域と p 領域の間に酸化膜が入ったものとして描くことができる．
3. 周波数が高くなると，反転領域の容量が低下する．これは，電子とホールの生成・再結合が追従できなくなるためである．反転層の電子ではなく，空乏層端が電荷として応答する．

5章　演習問題

[演習 5.1] MOS キャパシタと pn 接合ダイオードの違いについて述べよ．

[演習 5.2] 図 5.13 の MOS キャパシタ構造で，ゲートにドープした不純物は As で $10^{18}\,\mathrm{cm}^{-3}$，基板は B で $10^{17}\,\mathrm{cm}^{-3}$ とする[13]．$V_G = 0\,\mathrm{V}$ でのエネルギーバンド図を描け．基板の空乏層幅は 80 nm とする．まずゲートの空乏層幅を求め，構造図に空乏層の幅を描き，次にエネルギーバンド図を描け．温度は 300 K とする．

13 実際のゲートは，$10^{20}\mathrm{cm}^{-3}$ 以上にドープしている．

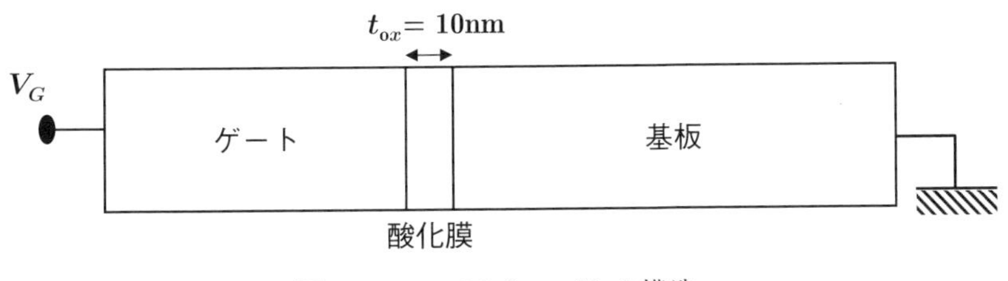

図 **5.13**　MOS キャパシタ構造．

[演習 5.3] [演習 5.2] の MOS キャパシタの V_{FB} を求めよ．

[演習 5.4] [演習 5.2] の MOS キャパシタで，以下のバイアス条件で構造図に空乏層の幅を描き，またエネルギーバンド図を描け．V_{th} は 0.5 V，温度は 300 K とする．

(a)　$V_G = -1\,\mathrm{V}$

(b)　$V_G = V_{FB}$

(c)　$V_G = 1\,\mathrm{V}$（このとき，基板の空乏層幅は 100 nm とする）

[演習 5.5] [演習 5.2] の MOS キャパシタで，酸化膜厚 t_{ox} が 10 nm から 20 nm に厚くなると，$V_G = 0\,\mathrm{V}$ のときゲートと基板の空乏層は拡がるか，それとも狭まるか？

[演習 5.6] MOS トランジスタにおいて，ソースとドレインがあってもチャネル長 L が長い場合，電子の供給が遅れるため高周波でゲートの小信号に追従できなくなる．L が $100\,\mu\mathrm{m}$ の場合，応答できる周波数の上限を概算せよ[14]．電子の供給に要する時間 τ を見積もり，これを周波数 f にせよ ($f = 1/(2\pi\tau)$)．なお，電子の速度は移動度 μ を $100\,\mathrm{cm}^2/(\mathrm{Vs})$，電界を V/L で電圧 V は 0.1 V とせよ．

14 正確な値は測定やシミュレーションをすればよいが，おおよその値を見積もることは価値がある．

5 章　演習問題解答

[解答 5.1] MOS キャパシタと pn 接合ダイオードの構造上の違いは，酸化膜の有無である．酸化膜は絶縁膜であり，MOS キャパシタではゲート・p 基板間に直流電流は流れず整流作用はない．

[解答 5.2] ゲートの空乏層幅は，不純物濃度の違いから p 基板の空乏層幅の 1/10 で，8 nm である．図 5.14 に構造図とエネルギーバンド図を示す．

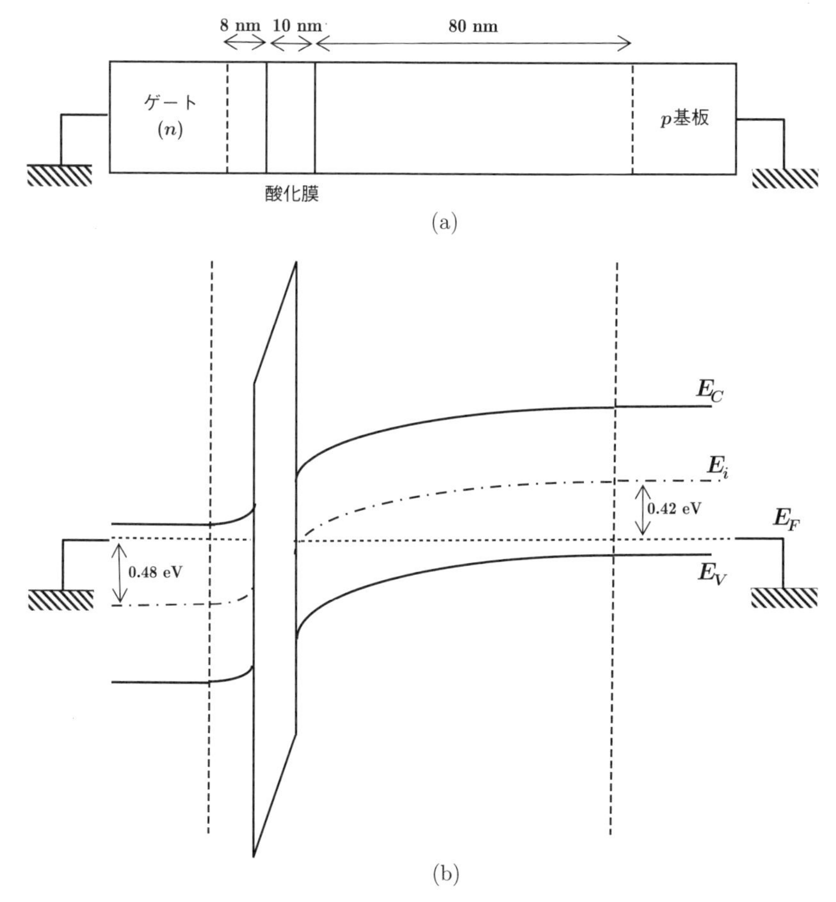

図 5.14　[演習 5.2] の (a) 構造図と (b) エネルギーバンド図．

[解答 5.3] V_{FB} は $-0.9\,\mathrm{V}$ $(= -(0.48 + 0.42))$ である．

[解答 5.4] 解答は省略する．

[解答 5.5] t_{ox} を 10 nm から 20 nm に厚くすると酸化膜中での電位降下が増え，

ゲートと p 基板の空乏層は狭まる.

[解答 5.6] ソースおよびドレインからチャネル中央までの距離 $L/2$ を速度 v で電子が走るために要する時間 τ は, $(L/2)/v$ である [15]. 速度 v は μE で, 電界 E は V/L である.

$$\tau = \frac{L^2}{2\mu V} \tag{5.2}$$

τ は $5\,\mu s$ となる. したがって, 周波数 f は $1/(2\pi\tau)$ から $32\,\mathrm{kHz}$ となる.

15 τ について, 別の説明をする. Q を単位長さ当たりの電荷として, 充電すべき電荷 Q_{charge} は $QL/2$ である. 電流 I は, Qv である (6.2.2 項で後出). したがって, $\tau = Q_{charge}/I = (L/2)/v$ となる. これは, MOS トランジスタの動作周波数の上限にも関連する [15].

6章　MOSトランジスタ

[ねらい]

これまで学んだ知識（pn 接合ダイオード，バイポーラトランジスタ，MOS キャパシタ）を用いて，MOS トランジスタを理解しよう．まず MOS トランジスタの動作の概略をエネルギーバンド図を用いて理解する．次に，簡単な式で MOS トランジスタの電流電圧特性を学ぶ．さらに，ホールをキャリアとする PMOS について知る．

最も基本的な回路であるインバータ回路の動作を理解する．

[事前学習]

(1) 6.1 節を読み，MOS トランジスタの動作の概要を理解しておく．
(2) 6.2 節を読み，ドレイン電流 I_D はドレイン電圧 V_D が低いときは V_D に比例し，V_D が高くなると一定（飽和）になる．この理由を説明できるようにしておく．
(3) 6.3 節を読み，ホールをキャリアとする PMOS について理解しておく．
(4) 6.4 節を読み，インバータ回路について説明できるようにしておく．

[この章の項目]

MOS トランジスタの動作原理
電流電圧特性
NMOS と PMOS
インバータ回路

6.1　MOSトランジスタの動作原理

まずMOSトランジスタの動作を電子に対するポテンシャル分布[1]と電子の流れで理解しよう.

1 エネルギーバンド図に関係する.

6.1.1　MOSトランジスタ構造

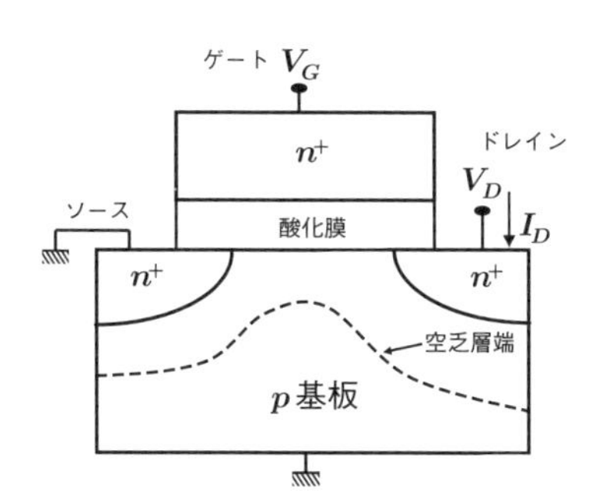

図 **6.1**　MOSトランジスタの構造.

図6.1は, MOSトランジスタの断面図である. p基板上に酸化膜(SiO_2)があり, その上にゲート電極とよばれるnタイプの多結晶Siがある. また, p基板にはn^+のソース/ドレインが形成されている. 1.3節で簡単に説明したように, ゲートに正の電圧V_Gを加えると, Si表面でnタイプのソースとp基板の間の"バリア"が低下し, ソースとドレインの間にゲートによって電子のチャネルが作られる. また, 空乏層がソース/p基板とドレイン/p基板, そしてチャネル下にできる. ドレインに正の電圧V_Dを印加すると, 電界によるドリフトによりドレイン電流I_Dが流れる. V_Gをさらに高くするとバリアが低下し, I_Dが増える.

6.1.2　ポテンシャル分布と電子の流れ

図6.2は, Si部分の電子に対するポテンシャル分布を3次元的に表示したものである. V_Dを0Vにして, V_GにV_{FB}を印加したものである（ソースと基板の電位は0V). この電子に対するポテンシャル分布は, pn接合のエネルギーバンドとMOSキャパシタのエネルギーバンドの知識を組み合わせて考えられる. ソース/p基板とドレイン/p基板は, 接地したpn接合のエネルギーバンド図と同じになっている. ゲート/酸化膜/p基板のエネルギーバンド図は, フラットバンドでのMOSキャパシタのエネルギーバンド図になっている. ここでのポイントは, Si表面でソース/p基板の間にポテンシャル・バリアがあり, 電流が流れないということである.

図6.3に各端子の電圧を変えたポテンシャル分布を示す. (a)では, V_Gに3V, V_Dには0.1Vを印加している. p基板のエネルギーバンドが曲がり, Si表面でソースとのバリアが低下する. 反転層（チャネル）ができ, 電流が流れる[2].

2　MOSトランジスタは, MOS電界効果トランジスタやMOSFET(Field-Effect Transistor)ともいう. ゲートによる電界の効果で, S_i表面のソース・p基板間のバリアを変えて電流を制御する.

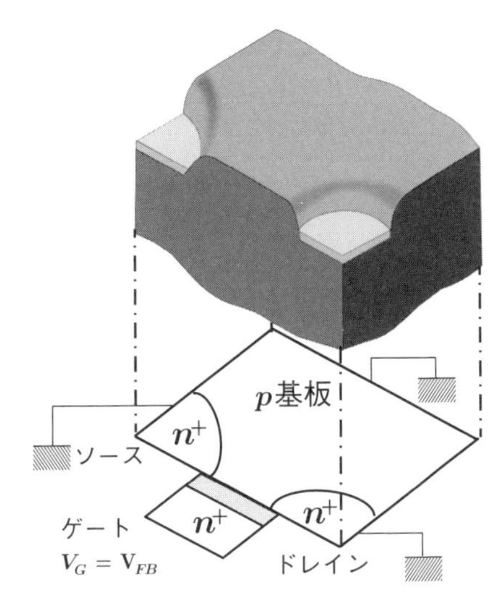

図 **6.2**　電子に対するポテンシャル分布 ($V_G = V_{FB}, V_D = 0\,\mathrm{V}$).

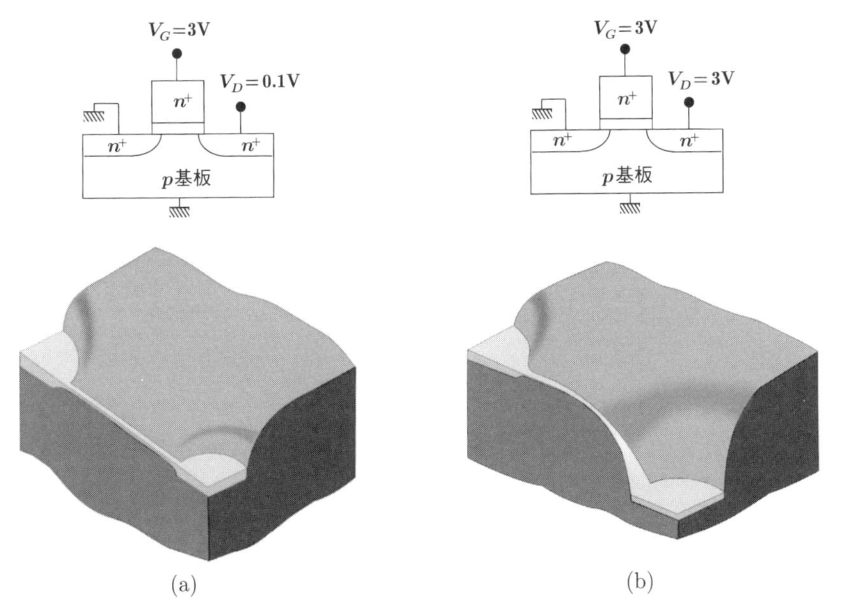

図 6.3　電子に対するポテンシャル分布と電子の流れ．(a)V_G に 3 V，V_D に 0.1 V を印加し，チャネルができ電流が流れている．(b)V_D に 3 V を印加すると，電子はドレイン近傍で滝のように流れている．

(b) は，V_G を 3 V のまま V_D に 3 V を印加している．ドレイン近傍で，電子は電界で加速されドレインに向かって滝を下るようにドリフトで高速に動いている．

6.2　電流電圧特性

MOS トランジスタの I_D-V_G 特性と I_D-V_D 特性を説明する．

6.2.1　線形領域と飽和領域[3]

3　真空管との類似で，線形領域を三極管領域，飽和領域を五極管領域ということもある．

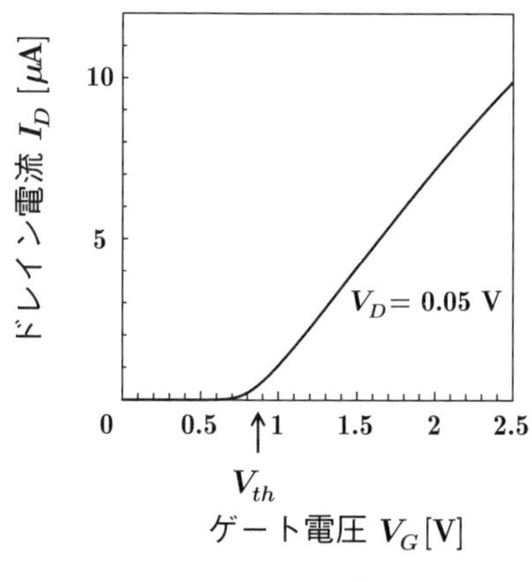

図 6.4　I_D-V_G 特性.

図 6.4 は，ドレインに正電圧を印加したときの I_D-V_G 特性である．V_G に正の電圧を印加すると，I_D が流れる．しきい値電圧 V_{th} は，反転層ができ I_D が流れ始める V_G である．V_{th} 以上で V_G を増加させると，ドレイン電流は増加する．つまり，V_G が V_{th} 以下では電流が流れず，V_{th} 以上で電流が流れるスイッチング特性を示している．

図 6.5 は，V_G をパラメータにした I_D-V_D 特性である．V_D が低いとき，I_D は V_D に比例して線形に増加する．これを**線形領域** (linear region) という．しかし，さらに V_D を印加すると，やがて I_D は飽和する．これを**飽和領域** (saturation region) という．線形領域と飽和領域の境（図 6.5 の破線）となる V_D は，V_G に依存する．高い V_G を印加すれば，飽和する V_D は高くなる．

V_D が比較的低い場合，図 6.6 に示すようにチャネルが一様に形成されている．V_D を増やすと，チャネルの横方向電界が強くなり電子の速度が速くなる．I_D

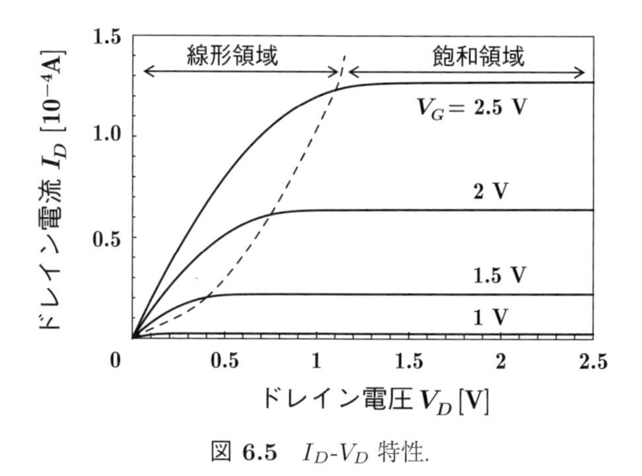

図 6.5　I_D-V_D 特性.

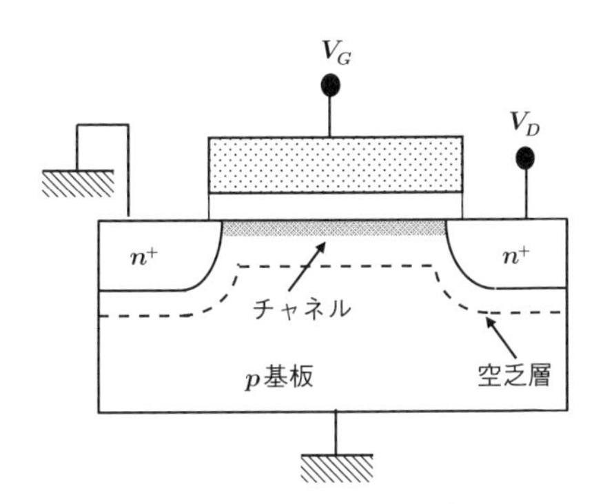

図 **6.6**　線形領域のチャネル.

は V_D に比例して増加する [4]. 一方, V_D が高い場合, 図 6.7 に示すようにドレイン近傍で電位が高くなり電子密度が激減する. ゲートが制御しているチャネルが切れるので, これを**ピンチオフ** (pinch-off) という [5]. 電子密度は減少しているものの, 矢印で示すようにピンチオフ点からドレインに向かって広がって滝のように流れ落ちている [6]. さらに V_D を増加しても電圧はピンチオフ点とドレインの間で消費され, チャネルの横方向電界は増加しない. このため, I_D は飽和する（詳細は 6.2.4 項で後述).

4 チャネルが抵抗となっている. このチャネル抵抗を変えるのは V_G である.

5 チャネルの端のピンチオフ点で, 電子密度は 0 ではない. 滝の例で説明すると, 図 6.3b）に示したように, 滝の落ち口の「滝口」で水の量は 0 ではない. 川から滝口そして滝壺まで流量は一定である. これは, ソースからドレインに向かって I_D が一定であることと符合している.

6 電子はピンチオフ点からドレインに向かって高速に動いていて, I_D を制限（律速）することにはならない. 電子の流れを律速しボトルネック (bottleneck) になっているのはチャネルである.

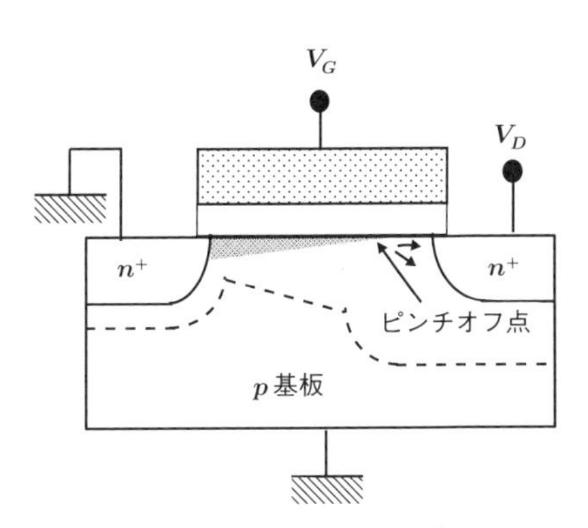

図 **6.7**　飽和領域のチャネル.

6.2.2 電流電圧特性の簡易式

ここでは, 電流電圧特性を深く理解するために簡易式を用いて説明する.

電流は, 単位時間に断面を通過する電荷量である. ソースからドレインに向かって, チャネルの電子は電界で加速されてドリフトで流れる. I_D を律速しているのはチャネルである. 図 6.8 に示すように, チャネルのソース端の電荷 Q_S とキャリア速度 v_S から I_D は

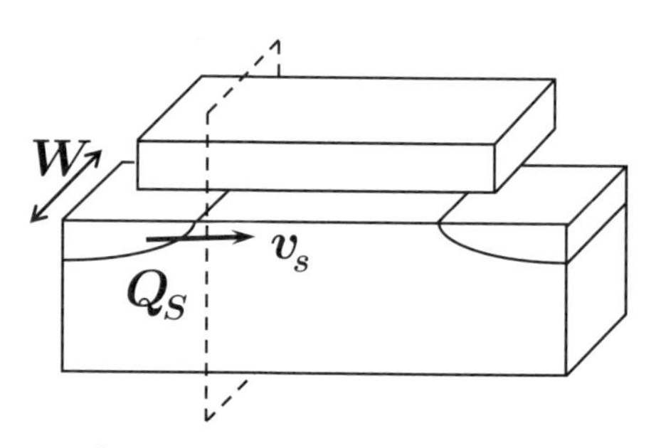

図 6.8　チャネルのソース端の電荷 Q_S とキャリア速度 v_S.

$$I_D = Q_S \cdot v_S \tag{6.1}$$

で与えられる．Q_S は単位長さ当たりの電荷であり，

$$Q_S = WC_0 \cdot (V_G - V_{th}) \tag{6.2}$$

と表される．ここで，W はチャネル幅，C_0 は単位面積当たりの酸化膜容量である [7]．Q_S を図 6.9 の C-V 特性を用いて説明する．V_G が V_{th} 以上で反転し，電子がソースから供給され，チャネルを形成している．図 6.9 の実線は，V_G に対してチャネルの電子が反応する容量である．図 6.9 でハッチングした矩形の面積が，容量 WC_0 にゲート電圧を V_{th} から V_G まで上げる間にチャネルに溜まる電荷 Q_S である [8]．すなわち，Q_S は (6.2) 式で表される．

7　WC_0 は，チャネル長方向の単位長さ当たりの酸化膜容量である．

8　V_{th} 付近の C-V 特性を矩形で近似している．

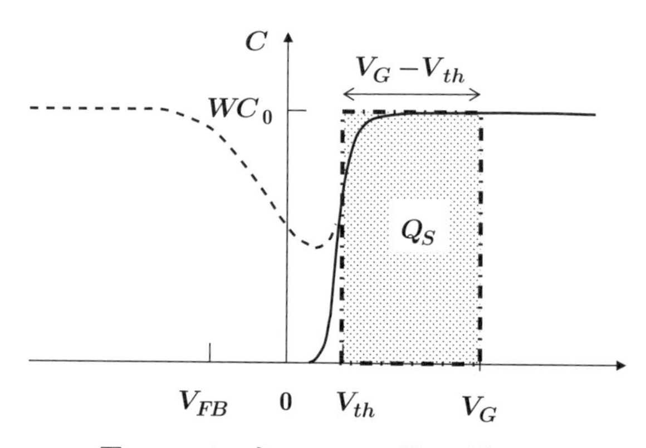

図 6.9　チャネルのソース端の電荷 Q_S.

線形領域と飽和領域の境界のドレイン電圧を V_{Dsat} という．V_G を一定にして V_D を上げていくと，図 6.10 に示すように，V_D が V_{Dsat} になり V_G よりも V_{th} だけ低いときに，ゲートとドレインとの電位差が V_{th} となる．つまり，

$$V_G - V_{Dsat} = V_{th} \tag{6.3}$$

である．V_{Dsat} 以上にドレイン電圧を上げると，ドレイン側の反転層が消失す

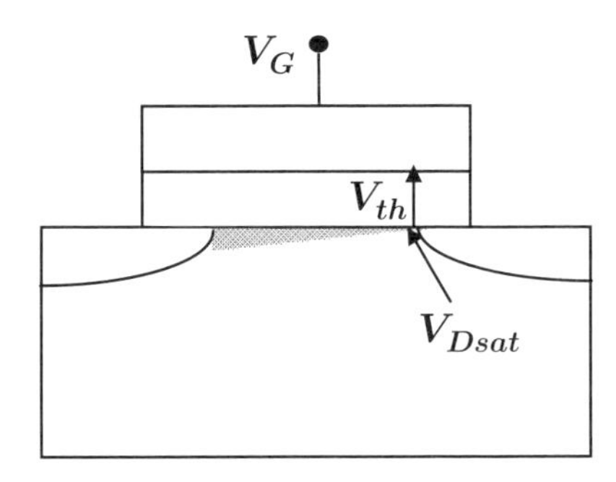

図 **6.10**　V_{Dsat} の説明.

る．V_{Dsat} は線形と飽和領域の境界であり，次式で表される [9].

$$V_{Dsat} = V_G - V_{th} \tag{6.4}$$

(1)　線形領域

まず線形領域 ($V_D < V_{Dsat}$) での I_D の式を求めよう．チャネルのソース端のドリフト速度 v_S は，移動度 μ を用いて，

$$\begin{aligned} v_S &= \mu E_S \\ &= \mu V_D / L \end{aligned} \tag{6.5}$$

で与えられる [10]．ここで，ソース端の電界 E_S はチャネル長 L に V_D が印加されているとして，V_D/L で与えた．したがって，I_D は (6.2) 式の Q_S と (6.5) 式の v_S から

$$I_D = WC_0(V_G - V_{th}) \cdot \mu V_D / L \tag{6.6}$$

で与えられる．I_D は，V_D に比例して線形に増える [11].

(2)　飽和領域

次に，飽和領域 ($V_D \geq V_{Dsat}$) での電流 I_{Dsat} の式を求めよう．まずチャネルの電界が弱く，キャリア速度 v_S が飽和速度 v_{sat} より低い場合である ($v = \mu E$)．これはチャネル長が長い MOS トランジスタで成り立つ．v_S は，移動度 μ を用いて次式で与えられる．

$$\begin{aligned} v_S &= \mu V_{Dsat} / L \\ &= \mu (V_G - V_{th}) / L \end{aligned} \tag{6.7}$$

Q_S は (6.2) 式で変わらない. したがって, $v = \mu E$ と表せる場合の飽和領域の I_{Dsat} は,

$$I_{Dsat} = WC_0(V_G - V_{th})^2 \mu / L \tag{6.8}$$

で与えられる．I_{Dsat} は，V_D に依存していていない．つまり，V_D を増やしても，I_{Dsat} は増えない（飽和)．また，I_{Dsat} は $(V_G - V_{th})$ の 2 乗で増える．こ

9　仮想的にチャネルのドレイン端に立ってみよう．反転層がなくなる直前の V_D が V_{Dsat} である．この V_{Dsat} のとき，ゲートを見上げると V_G が V_{th} だけ高い。つまり，$V_G = V_{Dsat} + V_{th}$ である．したがって，$V_{Dsat} = V_G - V_{th}$ となる．

10　正しくは, E は負である. しかし，分かりやすさを重視し正として表記する．また, μ も簡単化のため一定値とする.

11　V_D の影響を考慮した I_D の式は，6.2.3 項で説明する. より精密な E_S の式は, (6.17) 式に示す.

れは，Q_S と v_S が共に $(V_G - V_{th})$ に比例しているためである．

微細化でチャネルの電界が強くなり v_S が飽和速度 v_{sat} に達した場合 $(v = v_{sat})$，I_{Dsat} は

$$I_{Dsat} = WC_0(V_G - V_{th})v_{sat} \tag{6.9}$$

で与えられる．この場合，I_{Dsat} は $(V_G - V_{th})$ に比例して増え，$(V_G - V_{th})$ の2乗の依存性はない．現実には，チャネル長が短いMOSトランジスタの飽和領域の I_{Dsat} は $(V_G - V_{th})$ の1乗と2乗の間である [12]．

12 技術者の中には，飽和領域の I_D は $(V_G - V_{th})$ の2乗で増えると記憶している人がいる．重要なことは，本質である"$I_D = Q \cdot v$"について Q と v が微細化でどうなるかを理解していることである．単に記憶しているだけの技術者は，自分の可能性を狭めるだけである．

6.2.3 ドレイン電圧 V_D を考慮したドレイン電流 I_D の式

前項の I_D の式では，チャネル電荷 $Q(x)$ へのドレイン電圧 V_D の影響を考慮していなかった [13]．V_D の影響を考えよう．

13 6.2.3 と 6.2.4 では，Q などをチャネルに沿った位置 x の関数であることを明示するために，$Q(x)$ などと表記する．

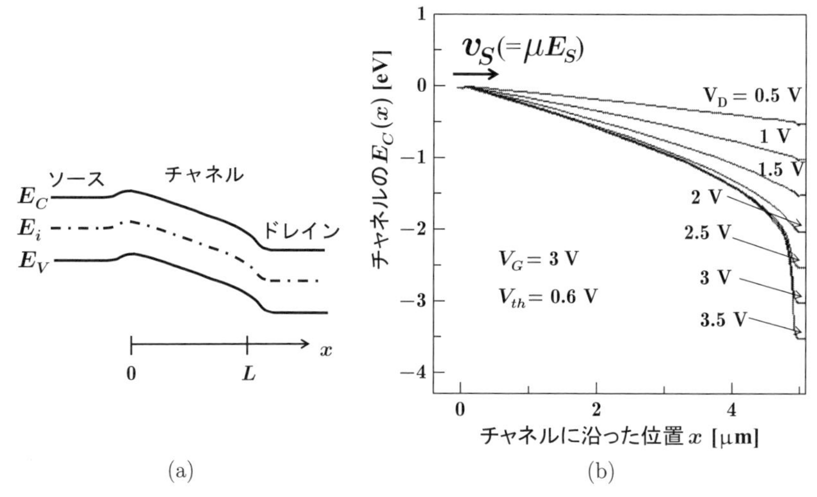

図 6.11 (a) Si表面のチャネルのエネルギーバンド図（模式図）と (b) チャネルでの伝導帯の下端 $E_C(x)$ の V_D 依存性.

図6.11(a)は，チャネルのエネルギーバンドの模式図である [14]．(b)は，チャネルの伝導帯下端 $E_C(x)$ を表したものである．V_D は，0.5 V から 3.5 V まで変えてある $(V_G = 3\,\mathrm{V})$．V_D が 0.5 V の線形領域では，$E_C(x)$ はドレインに向かってほぼ直線的に下がり，ドリフトで電子が流れている．しかし，V_D を増していくと $E_C(x)$ は直線ではなくなり，チャネルのドレインに近い側の $E_C(x)$ の傾き（電界）が強まる．これは，チャネルのドレイン側で電荷 $Q(x)$ が減少するためである（図6.12(b)で後述）．さらに V_D が高くなると，ピンチオフする [15]．

14 チャネルに沿った位置 x は，チャネルのソース端が0で，ドレイン端が L である．

15 V_D の増加により，チャネルの $E_C(x)$ がドレイン端で下に引っ張られて下がるのは，チャネルがソースからドレインまで切れ目なくつながっているときだけである．V_D が V_{Dsat} 以上になりピンチオフが生じると，その増加分 $V_D - V_{Dsat}$ はピンチオフ点とドレインの間の空乏層にかかることになる [16)]．

V_D の影響を詳しく見てみよう．

図6.12(a)は，チャネル電圧 $V_{ch}(x)$ の説明である．$V_{ch}(x)$ は，ソース端の電位を基準としたチャネル上の点の電圧であり，電位 $\phi(x)$ を用いて次式で表され

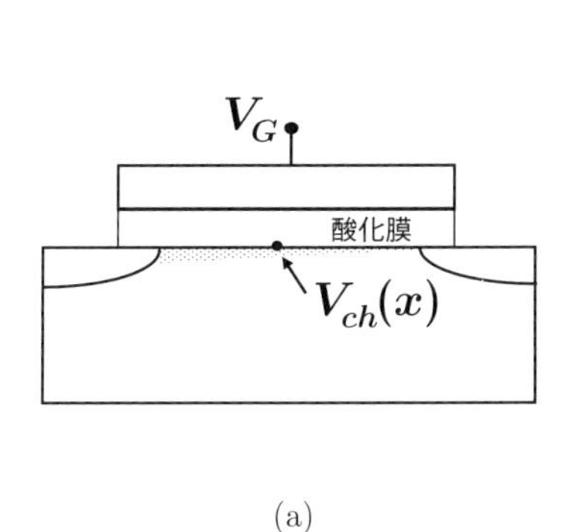

(a)

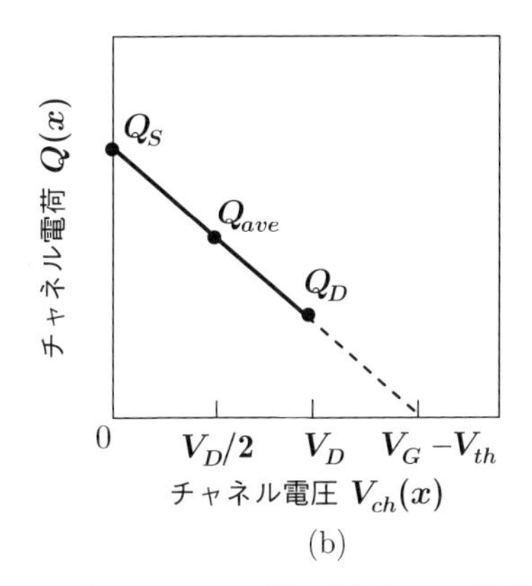

(b)

図 6.12　(a) チャネル電圧 $V_{ch}(x)$ の説明と (b) チャネルのソース端の電荷 Q_S，平均電荷 Q_{ave} とドレイン端の電荷 Q_D.

る[16].

$$V_{ch}(x) = \phi(x) - \phi(0) \tag{6.10}$$

位置 x でゲート酸化膜にかかる電圧は $V_G - V_{ch}(x)$ であり，$Q(x)$ は次式で表される（図 6.9 参照）.

$$Q(x) = WC_0(V_G - V_{ch}(x) - V_{th}) \tag{6.11}$$

図 6.12(b) は，$Q(x)$ を $V_{ch}(x)$ に対して表したものである．ソース端の Q_S は，(6.11) 式で $V_{ch}(0) = 0$ として与えられる．ドレイン端に近づくにつれ $V_{ch}(x)$ は増加し，$Q(x)$ は減少する．線形領域 ($V_D < V_{Dsat}$) では，ドレイン端の Q_D は (6.11) 式で $V_{ch}(L) = V_D$ として次式で与えられる[17].

$$Q_D = WC_0(V_G - V_D - V_{th}) \tag{6.12}$$

図 6.12 (b) に示すように，V_D の影響で Q_D は Q_S より減少する．

I_D は，チャネルの平均電荷 Q_{ave} と平均キャリア速度 v_{ave} を用いて次式で表される[18].

$$\begin{aligned} I_D &= Q_{ave} \cdot v_{ave} \\ &= \frac{Q_S + Q_D}{2} \cdot v_{ave} \end{aligned} \tag{6.13}$$

つまり，

$$I_D = WC_0\left(V_G - \frac{V_D}{2} - V_{th}\right) \cdot \mu\frac{V_D}{L} \tag{6.14}$$

となる．この式に比べて，V_D を考慮していない (6.6) 式は I_D を過大評価している．妥当な I_D の式は，(6.14) 式である．次に，この理由について考えよう．

図 6.13 は，チャネル内の電荷 $Q(x)$ と速度 $v(x)$ の説明である．チャネルの電流を管の中を流れる水で模したものである．管の断面積が $Q(x)$ に対応する．たとえば，ソース端の電流は $Q_S \cdot v_S$ である．V_D の影響でチャネル内の $Q(x)$

16　$E_C(x)$ は電子のポテンシャルであり，チャネルの $V_{ch}(x)$ の分布は図 6.11(b) を上下に反転させた形となる.

17　I_D が飽和する $V_D = V_{Dsat}(= V_G - V_{th})$ では，図 6.12(b) にも示すように，ドレイン端の Q_D はほぼ 0 となる.

18　Q_{ave} と v_{ave} は，$V_{ch}(x)$ が $V_D/2$ となる位置 x での電荷と速度である.

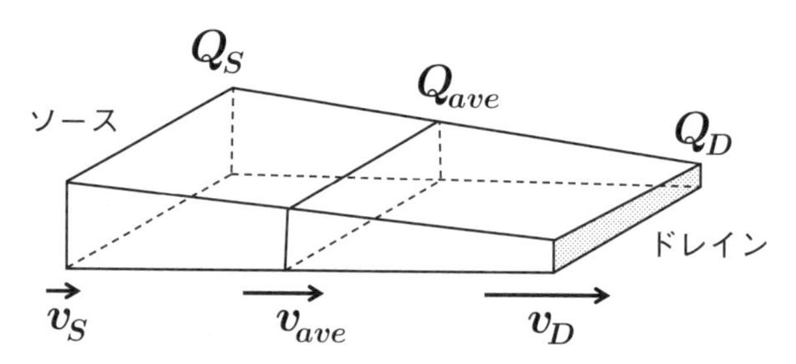

図 6.13　チャネル内の電荷 $Q(x)$ とキャリア速度 $v(x)$ の説明.

は一様ではなく，Q_D は Q_S より減少する．一方，I_D はチャネルのどこでも一定である（$Q(x) \cdot v(x) =$ 一定）．したがって，チャネル内の速度 $v(x)$ も一様ではない．ドレイン端の v_D は，Q_D が減った分を埋め合わせるためにソース端の v_S よりも速くなる．なお，電界 E も一様ではなく，ドレイン端の電界はソース端よりも高い ($v(x) = \mu E(x)$)．(6.6) 式では速度 v_S として平均の v_{ave} ($= \mu V_D/L$) を使っていて，I_D を $Q_S \cdot v_S$ ではなく $Q_S \cdot v_{ave}$ で求めていることになる．このため，I_D を過大評価している．一方，(6.14) 式は $Q_{ave} \cdot v_{ave}$ であり妥当である．

飽和領域 ($V_D \geq V_{Dsat}$) では，Q_D はほぼ 0 である．したがって，I_{Dsat} は (6.13) 式で $Q_D \approx 0$ として次式となる（$v_{ave} \ll v_{sat}$ の場合）[19]．

$$I_{Dsat} = WC_0 \frac{(V_G - V_{th})^2}{2} \cdot \frac{\mu}{L} \tag{6.15}$$

I_{Dsat} は，(6.8) 式に比べて，V_D の影響を考慮して半分になっている [20]．

19　$v_{ave} = v_{sat}$ の場合は，【付録 A12】参照.

20　I_{Dsat} は，$V_{ch}(x) = V_{Dsat}/2$ となる位置 x での $Q_{ave} = WC_0(V_G - V_{th})/2$ と $v_{ave} = \mu(V_G - V_{th})/L$ の積である.

6.2.4　ドレイン電流 I_D が飽和する理由

ドレイン電流 I_D がなぜ飽和するかを考えよう [17),18)]．

図 6.11(b) に示したように，V_D を増していくと $E_C(x)$ は直線ではなくなり，チャネルのドレインに近い側の電界が強まる．つまり，V_D の大半はチャネルのドレイン側で費やされ，チャネルのソース側へは分圧されなくなっていく．これは，チャネルのドレイン側で電荷 $Q(x)$ が減少するためである [21]．さらに V_D が高くなると，Q_D が減少し，V_D を増加してもチャネルのソース端での電界 E_S は変わらなくなる．I_D が飽和するのは，ピンチオフし Q_D がほぼ 0 になるためである．この結果，E_S が飽和し速度 v_S が一定になる [22]．V_D が V_{Dsat} ($= V_G - V_{th}$) を超えると，V_D の増加分はピンチオフ点とドレインの間にかかることになる．

V_D を上げて V_{Dsat} になるまでを詳しく見てみよう．

図 6.14 は，チャネルの電界 $E(x)$ をチャネル電圧 $V_{ch}(x)$ に対して表したものである．$E(x)$ は，チャネルのソース端からドレイン端に向かって増加する．これは，前述したように，電荷 $Q(x)$ がソース端からドレイン端に向かって減少するためである．I_D はチャネルのどこでも一定であり，キャリアの速度 $v(x)$

21　チャネルのドレイン側では，ソース側に比べて電荷 $Q(x)$ が少ない．これは，抵抗が高いとみなせる．つまり，チャネルのドレイン側はソース側に比べて抵抗が高く，V_D の大半はドレイン側にかかることになる.

22　チャネルのソース端の電荷 Q_S は V_D に依存しない．したがって，v_S が一定になると I_D ($= Q_S \cdot v_S$) が一定になる.

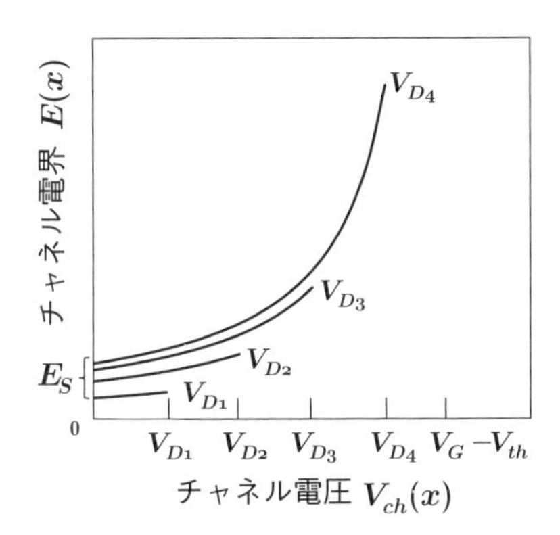

図 6.14　チャネルの電界 $E(x)$ をチャネル電圧 $V_{ch}(x)$ に対して表した図．パラメータはドレイン電圧で，V_{D1} から V_{D4} へと高くなっている．

はドレイン端に向かって増加する（図 6.13 参照）．つまり，電界 $E(x)$ はドレイン端に向かって増加する．

図 6.14 には，電界 $E(x)$ の V_D 依存性も示してある．V_D が V_{D1} から V_{D4} へと増加するにつれ，チャネルのドレイン側の $E(x)$ が急激に高くなる．これは，V_D を増やすとドレイン側の $Q(x)$ が減少するためである．この結果，V_D の大部分はチャネルのドレイン側に集中し，V_D の増加がソース端まで伝わらなくなる．図 6.14 に示すように，V_D が高くなるにつれ，ソース端の電界 E_S の増加が鈍っている．

チャネルの電界 $E(x)$ を式で表そう．$v(x) = \mu E(x)$，(6.11) 式の $Q(x)$ と (6.14) 式の I_D から，$E(x)$ は次式で表せる．

$$E(x) = \frac{V_D}{L}\left[1 + \frac{V_{ch}(x) - \frac{V_D}{2}}{V_G - V_{th} - V_{ch}(x)}\right] \tag{6.16}$$

図 6.14 のチャネルの電界 $E(x)$ は (6.16) 式を示したもので，V_D をパラメータにして $E(x)$ をチャネル電圧 $V_{ch}(x)$ で表した．

次に，チャネルのソース端の電界 E_S を調べよう．E_S はソース端なので，(6.16) 式で $V_{ch}(0) = 0$ として以下のように表せる．

$$E_S = \frac{V_D}{L}\left[1 - \frac{V_D}{2(V_G - V_{th})}\right] \tag{6.17}$$

図 6.15 は，(6.17) 式を基にしたチャネルのソース端の電界 E_S と平均電界 V_D/L の V_D 依存性である [23]．V_D の増加と共に E_S は高くなるものの，V_{Dsat} $(= V_G - V_{th})$ で一定値になり飽和する [24]．I_D が飽和するのは，前述したようにピンチオフするためである．この結果，速度 v_S が一定になる．

改めて，(6.17) 式の E_S を用いて，I_D をソース端の電荷 Q_S と速度 v_S で表すと

23　$V_{ch}(x) = V_D/2$ となる位置 x で，電界は V_D/L である．このことは，V_D が小さいときは自明である（図 6.11(b)）．一方，側注 20 で述べたように，$V_D = V_{Dsat}$ のときに $V_{ch}(x) = V_{Dsat}/2$ となる位置 x での電界は V_{Dsat}/L となる．

24　E_S が飽和する電界は，V_{Dsat} での平均電界 $(V_G - V_{th})/L$ の半分になっている．

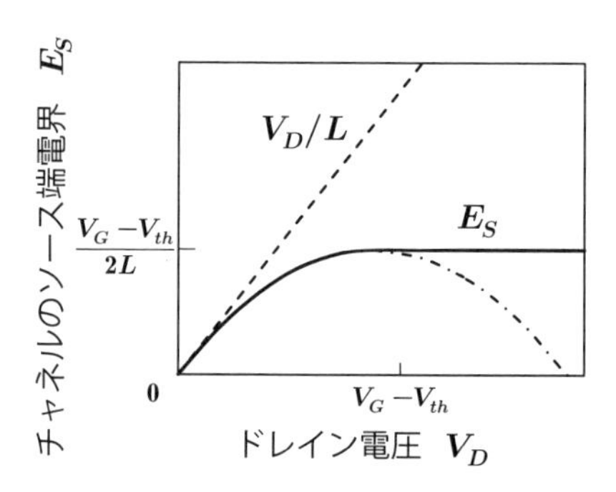

図 6.15　チャネルのソース端の電界 E_S の V_D 依存性．一点鎖線は (6.17) 式を表す．

$$
\begin{aligned}
I_D &= Q_S \cdot v_S \\
&= WC_0(V_G - V_{th}) \cdot \mu \frac{V_D}{L}\left[1 - \frac{V_D}{2(V_G - V_{th})}\right]
\end{aligned} \tag{6.18}
$$

となる[25]．図 6.15 に示したように，V_D が V_{Dsat} $(= V_G - V_{th})$ になると E_S そして I_D は飽和し，(6.18) 式は以下のようになる．

25　(6.14) 式が I_D を Q_{ave} と v_{ave} の積で表したのに比べて，(6.18) 式は Q_S と v_S の積で表した．

$$
I_{Dsat} = WC_0(V_G - V_{th}) \cdot \mu \frac{V_G - V_{th}}{2L} \tag{6.19}
$$

これは，(6.15) 式に示した飽和領域の I_D の式である．

ドレイン電流 I_D が飽和するのは，ピンチオフするためであると述べた．正確には，I_D が飽和する理由はチャネル長によって変わる．詳細は【付録 A12】に示すが，チャネル長が短くなると，チャネルの電界が高くなりキャリア速度が飽和速度 v_{sat} となるため I_D が飽和する．さらに，極短チャネルでキャリアのチャネルでの散乱回数が少なくなると，I_D の飽和はチャネルのソース端から注入されるキャリアの速度（v_{inj} とする）で決まることになる．

6.2.5　サブスレッショルド領域

V_G がしきい値電圧 V_{th} よりも低い領域でも微小な電流が流れる（リーク電流）．この領域を**サブスレッショルド** (subthreshold) 領域という．仮に 1 つのデバイスのリーク電流（$V_G = 0\,\mathrm{V}$ での I_D）が 10^{-9} A でありチップ内のデバイス数が 10^9 個なら，1 A に相当する消費電力となる．バッテリーに頼っている携帯電話やスマートフォンでは，サブスレッショルド特性は特に重要である．OFF 状態のデバイスの電流レベルは，低くしなければならない．ここでは，サブスレッショルド特性を説明する．

図 6.16 は，I_D-V_G 特性である．V_G が V_{th} よりも高い領域では，I_D はドリフトで流れている．サブスレッショルド領域では，I_D は拡散で流れる．サブスレッショルド領域の電流は，V_G を増やすと指数関数的に増加する．

図 6.17 に示すように，電子は酸化膜/p 基板界面のチャネルを拡散で流れている．動作は，バイポーラトランジスタと同じである．V_G によりソース・チャ

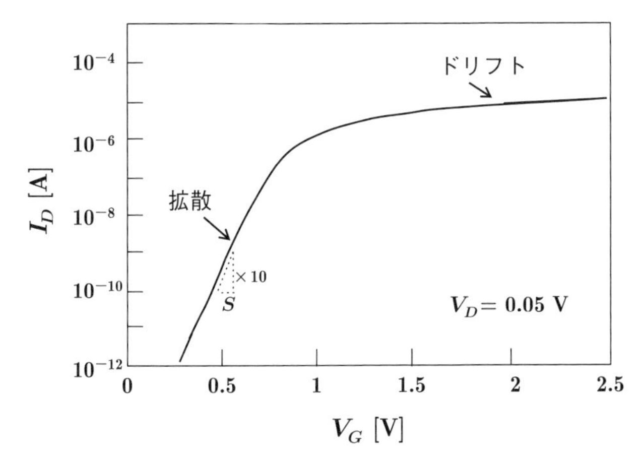

図 6.16　サブスレッショルド特性.

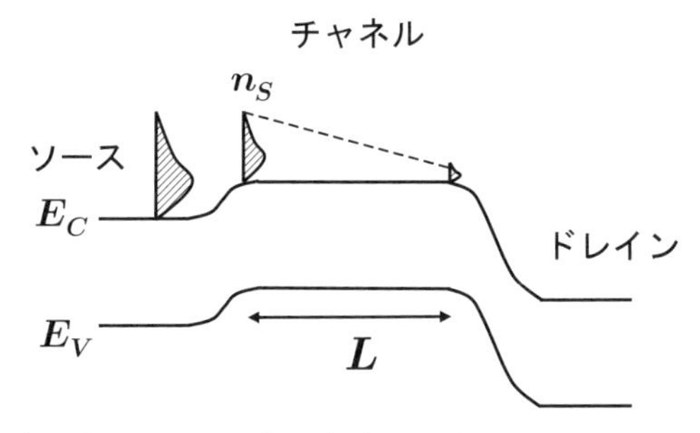

図 6.17　Si 基板/酸化膜界面のチャネルを流れるサブスレッショルド領域の拡散電流.

ネル間のバリアが下がり，ソースからチャネルへ電子が注入される．V_D によりチャネルのドレイン端で電子は吸い出され，電子密度はほぼ 0 になっている．このため，電子の濃度勾配で拡散電流が流れる．I_D は，

$$I_D = qD_e\frac{n_S}{L}A \tag{6.20}$$

と表される．ここで，n_S はソースからチャネルへ注入された電子密度，A は電流が流れる断面積である．V_G を増やすと，n_S が指数関数的に増加し I_D が増える．

サブスレッショルド特性の立ち上がりの急峻さを表す ***S* ファクタ** (*S* factor) も重要な指標である．*S* ファクタは，図 6.16 に示すように，電流を 10 倍に増やすために必要なゲート電圧の変化量である [26]．

S ファクタは小さいことが望ましく，OFF 状態の電流を減少させ，消費電力を低くすることができる．*S* ファクタは次式で与えられる [19)]．

$$S = \frac{kT}{q}ln10 \cdot \left(1 + \frac{C_d}{C_0}\right) \tag{6.21}$$

ここで．C_d は空乏層の容量，C_0 はゲート酸化膜の容量である．ゲートがチャネルを制御しているほど，*S* ファクタは小さくなる．*S* ファクタを小さくする

26　サブスレッショルド・スウィング (swing) ともいう．単位は，mV/decade である．

ためには，酸化膜厚 t_{ox} を薄くして C_0 を大きくし，ゲートのチャネルへの制御性を強めることが有効である．また，S ファクタは7.2.1 項で述べる“短チャネル効果”の影響を受ける．S ファクタの減少のためには，短チャネル効果の抑制も重要である．なお，MOS トランジスタの S ファクタの最小値は $kT/q \cdot ln10$ で，室温 (300 K) では 60 mV/decade である．

6.3　NMOS と PMOS

これまで説明してきた電子でチャネルができ電流が流れる MOS トランジスタを NMOS(n-channel MOSFET) という．これとは異なり，ホールでチャネルができ電流が流れる PMOS(p-channel MOSFET) がある．

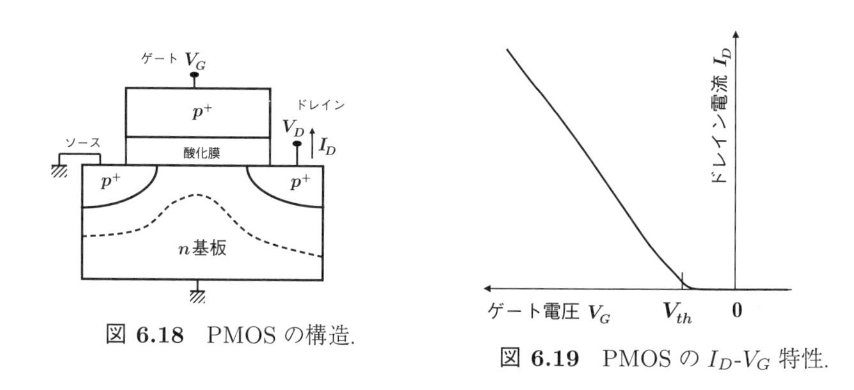

図 6.18　PMOS の構造.

図 6.19　PMOS の I_D-V_G 特性.

PMOS の構造は不純物のタイプが NMOS と逆で，図 6.18 に示すように，n 基板に p タイプのソースとドレインがあり，ゲートは p タイプの多結晶 Si である[27]．図 6.19 に示すように V_G に負の電圧を加えると，正電荷のホールがソースからドレインへ流れる（V_D は負）．電流の向きは，負電荷の電子が流れる NMOS とは逆である．6.4 のインバータ回路で説明するように，NMOS と PMOS を組み合わせると消費電力の少ない回路ができる．図 6.20 に NMOS と PMOS の記号を示す．

27　コストを安くするために，NMOS とゲートを同時に作り n タイプの多結晶 Si とする PMOS もある．この場合，$V_G = 0\,\mathrm{V}$ 近くが V_{FB} となり，V_{th} が深すぎる．このため，Si 表面に B をイオン注入し p タイプ層を作る．これを埋め込みチャネルという．なお，通常の MOS トランジスタは表面チャネルという．

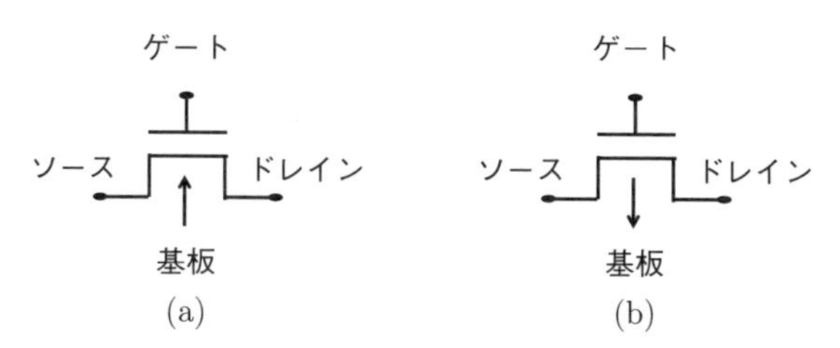

図 6.20　(a)NMOS と (b)PMOS の記号.

6.4 インバータ回路

これまで，デバイスの話をしてきた．ここでは，デバイスを使った回路を学ぼう．最も簡単な構成で，回路の基礎であるインバータ回路を説明する．

6.4.1 抵抗負荷型インバータ回路

表 6.1　インバータ回路の真理値表.

入力 X	出力 Y
0	1
1	0

インバータ回路の真理値表を表 6.1 に示す．入力が“0”のとき“1”を出力し，入力が“1”のとき“0”を出力する．入力を反転した出力なので，**インバータ** (inverter) という．

図 6.21(a) は，抵抗負荷型のインバータ回路である．なお，C_L は**負荷容量** (load capacitance)[28] である．入力は NMOS のゲートに入り，出力 V_{out} は電源電圧 V_{dd} から負荷抵抗 R_L で電位降下した電圧である．(b) は NMOS をスイッチとして置き換えたものである．電圧が高い状態を“1”で，低い状態を“0”とする．入力が“0”のとき NMOS は OFF となり，V_{out} は V_{dd} となって“1”を出力する．入力が“1”のとき NMOS は ON し，接地したソースの電位の 0 V を V_{out} へ伝えてほぼ 0 V となり“0”を出力する．

28 出力 V_{out} につながる配線の寄生容量（7.2 節）や次段の回路の容量などである．

図 6.22 は，回路の過渡的な動作を示す図である．(a) は入力電圧 V_{in}，(b) は出力電圧 V_{out}，(c) は電流 i である．抵抗負荷型インバータには，3 つの大きな欠点がある．1 つ目は，NMOS が ON のときに V_{dd} からアースまでの貫通電流

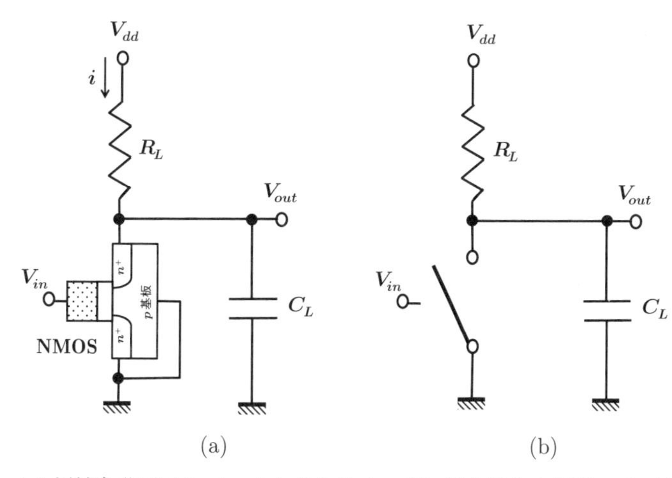

図 6.21　(a) 抵抗負荷型インバータと (b) スイッチに置き換えた回路．C_L は負荷容量.

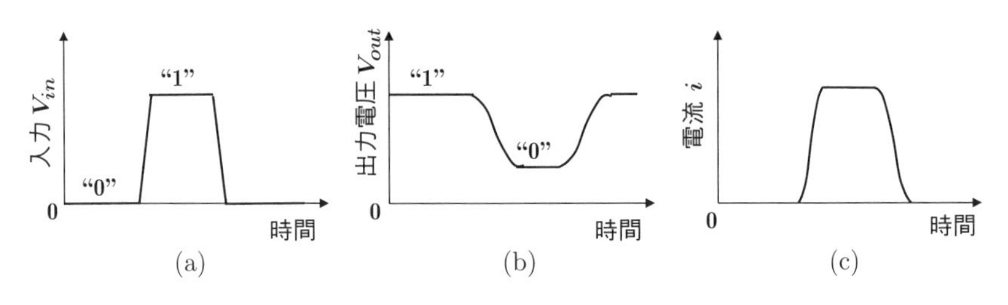

図 6.22　抵抗負荷型インバータの過渡特性．(a) 入力，(b) 出力，(c) 電流．

が流れ，消費電力が大きいことである．2つ目は，NMOSがONのときに出力に0Vの"0"レベルがきちんと出ないことである．"0"レベルは，R_L とMOSトランジスタのチャネル抵抗 R_{ch} による抵抗分割 $R_{ch}/(R_L + R_{ch})$ で決まるためである．3つ目の欠点は，動作速度が遅いことである．低い"0"レベルを出力するためには，R_L を大きくしなければならない．こうすると，V_{dd} から R_L を通して C_L を充電するのに時間がかかり，動作が遅くなる．

これらの欠点を解消した回路を次項で説明する．

6.4.2　CMOS型インバータ回路

CMOS(complementary MOS) インバータ[29] は，図6.23(a) に示すように，抵抗負荷型インバータの抵抗をPMOSで置き換えたものであり，広く用いられている．入力はNMOSとPMOSのゲートに入る．PMOSは，V_{dd} 側がソースとなる．このような接続では，NMOSとPMOSは一方がONのときもう一方がOFFとなる相補的な動作となるため，CMOSとよばれる．通常，V_{in} は0Vまたは V_{dd} の電圧である．V_{in} が0Vのとき，NMOSがOFFでPMOSがONになり V_{out} は V_{dd} となる．V_{in} が V_{dd} のときは，逆にNMOSがONでPMOSがOFFとなり V_{out} は0Vとなる．(b) はNMOSとPMOSをスイッチとして置き換えたものである．入力が"0"のとき，NMOSはOFFでPMOSはON

29　complementaryとは相補型という意味で，NMOSとPMOSが相補って動作している．

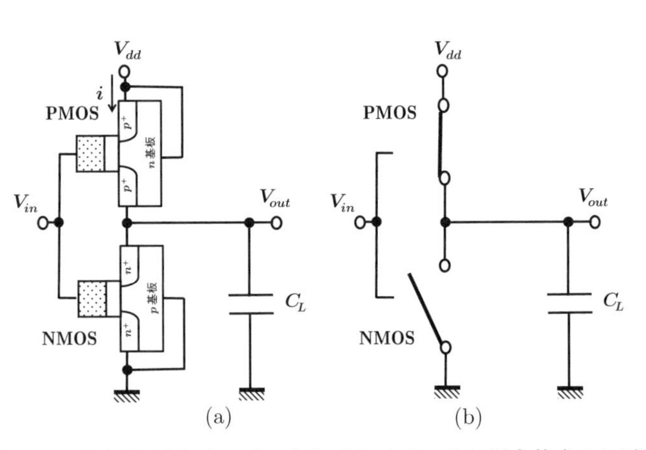

図 6.23　(a) CMOSインバータと (b) スイッチに置き換えた回路．

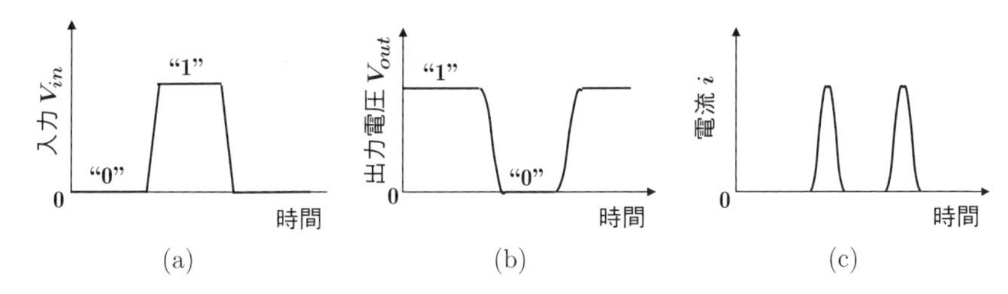

図 6.24　CMOS インバータの過渡特性. (a) 入力, (b) 出力, (c) 電流.

となり, "1" を出力する.

図 6.24 は, 回路の過渡的な動作を示す図である. (a) は入力電圧 V_{in}, (b) は出力電圧 V_{out}, (c) は電流 i である. 電源からアースまでの貫通電流は, 入力信号が切り替わるときだけ流れる. このため, 消費電力が少ない. CMOS インバータの最大の特徴は, この低消費電力である. また, 入力が "1" のときに PMOS が OFF となるため, "0" レベルの 0 V がきちんと出る. さらに, 前述した R_L を通して C_L を充電する時間の問題がなく抵抗負荷型より高速に動く. 欠点は, プロセスが複雑で工程数が多くなり製造コストがやや高くなることである. しかし, 消費電力が低いことは必須であり, CMOS 回路が超 LSI に広く使われている.

本章では, 5 章までの知識の上に MOS トランジスタの動作を説明した. エネルギーバンド図に対応する図 6.3 の電子に対するポテンシャル図のイメージを持つことが重要である. さらに, NMOS と PMOS から成る CMOS インバータ回路は消費電力が低く, 超 LSI にとって必要不可欠である.

[6 章のまとめ]

1. MOS トランジスタは, 線形領域と飽和領域を理解することが重要である. この 2 つの領域の動作は, エネルギーバンド図を用いて直観的に理解できる.
2. ドレイン電流 I_D を律速しているのはチャネルであり, ソース側の電荷 Q_S とキャリア速度 v_S で, 線形領域と飽和領域の I_D を簡単な式で説明できる.
3. ホールをキャリアとする PMOS がある.
4. NMOS と PMOS を用いた CMOS インバータ回路は, 消費電力が低いことが特長である.

6章　演習問題

[演習6.1] 飽和領域のドレイン電流 I_D がなぜチャネルで律速されるかを説明せよ．

[演習6.2] 飽和領域のチャネルのピンチオフを説明せよ．

[演習6.3] I_D が飽和する理由を説明せよ（$v = \mu E$ と表せる長チャネルの場合）．

[演習6.4] ドレイン電圧 V_D の影響を考慮して，表6.2の空欄に平均の電荷 Q_{ave} と速度 v_{ave} そして I_D の式を入れよ．なお，長チャネルの場合とする．

表 6.2　線形と飽和領域の式．

	線形領域	飽和領域
単位長さ当たりの電荷 Q_{ave}		
キャリア速度 v_{ave}		
ドレイン電流 I_D		

[演習6.5] 抵抗負荷型のインバータに比べて，CMOSインバータで消費電力が少ない理由を説明せよ．

6章　演習問題解答

[解答 6.1] I_D にしろ水の流れにしろ，最も流れの遅いところで律速される．飽和領域では，ピンチオフ点からドレインへ向けての領域は高電界でキャリアは滝のように流れ，ここは I_D を律速しない．I_D を律速しているのはチャネルである．

[解答 6.2] V_D によりチャネル電圧 V_{ch} はソースからドレインに向けて高くなっている．このため，V_G と V_{ch} との差はドレイン側に向かうにつれ小さくなる．V_G と V_{ch} との差が V_{th} となる場所がピンチオフ点である．ここで電子密度が急激に減少する．

[解答 6.3] I_D が飽和するのは，長チャネルの場合はピンチオフが原因である．チャネルのドレイン端の Q_D が激減するためである．

[解答 6.4] 表 6.3 参照．

表 6.3　線形と飽和領域の式．

	線形領域	飽和領域
単位長さ当たりの電荷 Q_{ave}	$WC_0\left(V_G - \frac{V_D}{2} - V_{th}\right)$	$WC_0\frac{V_G - V_{th}}{2}$
キャリア速度 v_{ave}	$\mu\frac{V_D}{L}$	$\mu\frac{V_G - V_{th}}{L}$
ドレイン電流 I_D	$WC_0(V_G - \frac{V_D}{2} - V_{th}) \cdot \mu\frac{V_D}{L}$	$WC_0\frac{(V_G - V_{th})^2}{2} \cdot \frac{\mu}{L}$

[解答 6.5] CMOS インバータでは，電源からアースまでの貫通電流は入力信号が切り替わるときだけ流れる．このため，消費電力が少ない．

7 章　超LSIデバイス

[ねらい]

超 LSI は，おもにデバイスの寸法を縮小して微細化することにより実現されてきた．ここでは，まず微細化の指針として，スケーリング則を学ぶ．集積度を上げるために微細化すれば，デバイスが高速に動作するという利点がある．しかも，チップの消費電力は変わらず増えない．

しかし，微細化によりいろいろな問題が生じる．この例として，MOS トランジスタのチャネル長の縮小によって生じる短チャネル効果と CMOS デバイスでのラッチアップ現象を学ぶ．また，配線の微細化によって回路動作に遅れが生じることを理解する．

最後に，超 LSI の代表例として，フラッシュメモリを学ぶ．

[事前学習]

(1) 7.1 節を読み，スケーリング則について説明できるようにしておく．

(2) 7.2 節を読み，デバイス微細化の課題として挙げた短チャネル効果と CMOS のラッチアップ現象を理解しておく．

(3) 7.3 節を読み，配線の微細化による信号遅延について説明できるようにしておく．

(4) 7.4 節を読み，フラッシュメモリの動作を理解しておく．

[この章の項目]

デバイス微細化の指針：スケーリング則
デバイス微細化の課題
配線の微細化による信号遅延
フラッシュメモリ

7.1　デバイス微細化の指針：スケーリング則

デバイスを微細化すれば，集積度が上がる．デバイスの特性はどうなるだろうか？消費電力はどうなるだろうか？これらに対する指針を与えたのがスケーリング則であり，今日の半導体の発展の基となっている．ここでは，スケーリング則を説明する．

7.1.1　デバイスの微細化の利点

超LSIは大別すると，コンピュータの**中央処理装置**CPU(central processing unit)に代表される**システムLSI**とデータを記憶する**メモリLSI**がある．超LSIは，おもにデバイスの微細化により実現されてきた．

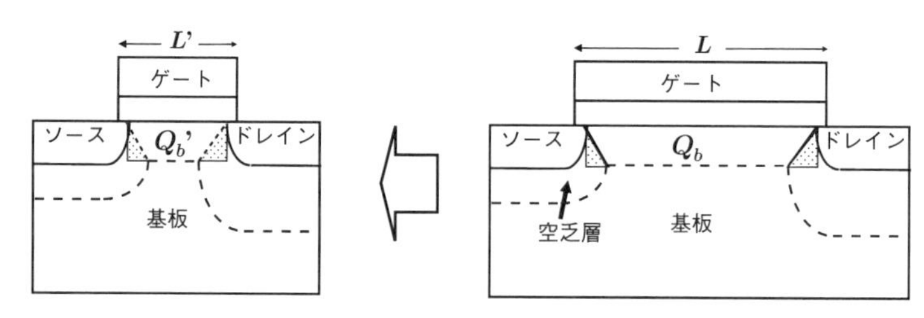

図 7.1　チャネル長 L の微細化.

図7.1は，MOSトランジスタのチャネル長 L の微細化を表している．デバイスを微細化する主な利点は，以下の3つである．

(1)　高性能化：CPUのように，デバイスを微細化すれば高速化できる．
(2)　多機能化：1つのチップに，通信，画像処理，メモリなどを搭載すれば多機能化できる．
(3)　低コスト化：メモリLSIのように，デバイスの高集積化によりビット当たりのコストを低下できる．

7.1.2　スケーリング則

デバイスの微細化に対して，指針を与えたのが1974年にデナードが発表した**スケーリング則**(scaling rule)[1] である[20]．表7.1に示すように，デバイス寸法（L，W，t_{ox} など）を $1/k$ に微細化し，不純物濃度 N を k 倍に濃くし[2]，電圧 V を $1/k$ に下げる．ここで，k はスケーリング係数 $(k > 1)$ である．素子数は毎年2倍に増え[3]，k は通常 $\sqrt{2}$ である．なお，チップ面積 A_{chip} はほぼ $1\,\mathrm{cm}^2$ で変わらない．

スケーリング則は，電界を一定に保ってスケーリングしている．つまり，スケーリングしてもデバイス内の等電位線の形は変わらない．

スケーリング則の重要な成果は，チップの素子数 n が k^2 で増え，そして素子の速度が k 倍に高速化するものの，チップの消費電力は変わらず増えないこ

1　比例縮小則ともいう．

2　N を k 倍に濃くするのは，空乏層の幅を $1/k$ にスケーリングするためである（【付録A7】）．

3　1965年に，インテル社の創業者の1人であるゴードン・ムーアが“素子数は毎年2倍の割合で増加”と予測し，ムーアの法則といわれる．当時，素子数はわずか50個程度であった．人間は，目標が与えられると努力する．現在，素子数の増加のペースは鈍ってきているものの，2022年の時点で1チップの素子数は200億個を越えている．

表 7.1　スケーリング則．k はスケーリング係数 ($k > 1$) である．

項目	関係式	スケーリング
デバイス寸法（L, W, t_{ox}など）		$1/k$
不純物濃度N		k
電圧V		$1/k$
チップの素子数n	$1/(LW)$	k^2
単位面積当たりの容量C_0	$1/t_{ox}$	k
容量C	$C_0 LW$	$1/k$
単位長当たりのチャネル電荷Qs	$WC_0(V_G - V_{th})$	$1/k$
キャリア速度vs	μE_S	1
電流I	$Qs \cdot vs$	$1/k$
遅延時間 τ_{device}	CV/I	$1/k$
素子の動作速度	$1/\tau_{device}$	k
素子当たりの消費電力P_{device}	$I \cdot V$	$1/k^2$
チップでの消費電力P_{chip}	$n \cdot P_{device}$	1

とを明らかにしたことである．これによって，デバイスの微細化の指針が得られた．

表 7.1 のスケーリング則について，チップの素子数 n，電流 I そしてデバイスの**遅延時間** (delay time)τ_{device} を説明する（他は，[演習 7.1] とした）．スケーリング前の素子数 n は，

$$n = c\frac{A_{chip}}{LW} \tag{7.1}$$

である．ここで，c は比例定数，L と W はスケーリング前の寸法である．スケーリング後の素子数 n' は，

$$\begin{aligned} n' &= c\frac{A_{chip}}{L'W'} \\ &= c\frac{A_{chip}}{\frac{L}{k}\frac{W}{k}} \\ &= k^2 n \end{aligned} \tag{7.2}$$

となり，スケーリングにより素子数は k^2 で増える．チップ面積 A_{chip} を変えずにデバイスの面積を小さくしたのだから，素子数が増える．

電流 I は，6.2.2 項で述べたように $Q_S \cdot v_S$ である．電荷 Q_S は $1/k$ に減る．これは，WC_0 がスケーリングしても変わらず，$(V_G - V_{th})$ が $1/k$ に減少するためである．キャリア速度 v_S は，電界が変わらないためスケーリングしても変わらない[4]．したがって，電流 I はスケーリングで $1/k$ に減少する．

デバイスの遅延時間 τ_{device} は興味深い．図 7.2 を用いて説明する．τ_{device} は，電荷 Q を電流 I で充放電する時間であり，Q/I である．スケーリングで，I は

4　飽和領域の電流の場合も，電界がスケーリングで変わらないため，ここでの議論に影響はない．

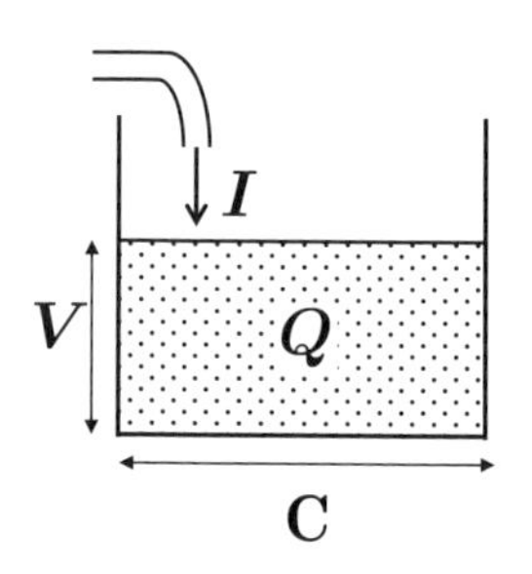

図 7.2　電荷 Q を充電するために要する時間 τ_{device} の説明図.

$1/k$ に小さくなる．しかし，充放電すべき電荷 Q は，C も V も共に $1/k$ に小さくなり，CV では $1/k^2$ に減少する．つまり，充放電すべき電荷 Q が激減するため，τ_{device} は $1/k$ に短くなる．電流が減ったにも関わらず，デバイスは高速に動作する．

実際には，スケーリング則通りには微細化できない．チップへ供給する電源は仕様であり，毎年変えるわけにはいかない．このため，電圧のスケーリングが取り残され，微細化で電界は高くなる．また，微細加工のための技術にも困難さがあり，スケーリングのペースは鈍ってきている．

7.2　デバイス微細化の課題

ここでは，スケーリングによって生じる問題について述べる．微細化の歴史は，この問題への対応と微細加工技術の開発といえる．

7.2.1　短チャネル効果

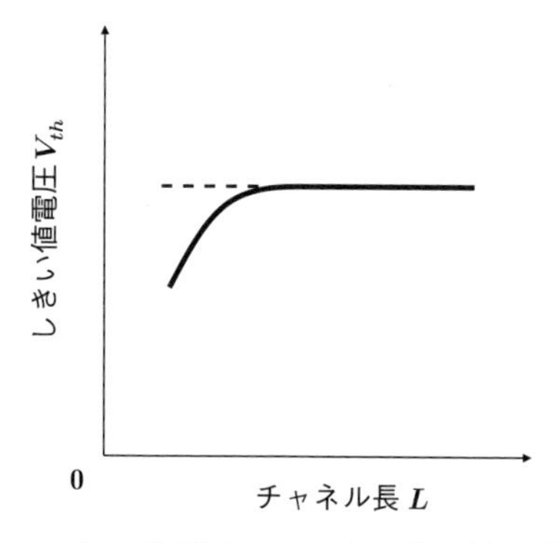

図 7.3　しきい値電圧 V_{th} のチャネル長 L 依存性.

MOS トランジスタのチャネル長 L を微細化すると，図 7.3 に示すようにしきい値電圧 V_{th} は L と共に低下する．これを短チャネル効果という．回路設計としては，V_{th} は L に依らず一定であることが望ましい．V_{th} が低下する理由は

2つある．1つは，図7.1に示した**チャージ・シェアリング** (charge sharing)[21] である．チャネル下の空乏層の電荷 Q_b の内，一部はソースおよびドレインが受け持つ．このため，ゲートが担当すべき電荷が図7.1にハッチングした分減る．L を縮小すると，このゲート担当電荷の減少の影響が顕著になり V_{th} が低下する．もう1つの理由は，図7.4に示すDIBL(drain induced barrier lowering)[22] である．ドレインがソースに近づくことにより，チャネルのポテンシャル・バリアがドレインにより引き下げられ，低い V_G で電流が流れだす（V_{th} の低下)．

短チャネル効果を抑えるためには，チャネルへのドレインの影響を減らす必要がある．チャネルの不純物濃度を上げ，ドレインからの空乏層の延びを抑えることが有効である．また，ゲート酸化膜厚 t_{ox} を薄くして，ゲートのチャネルへの制御性を高めることも有効である．

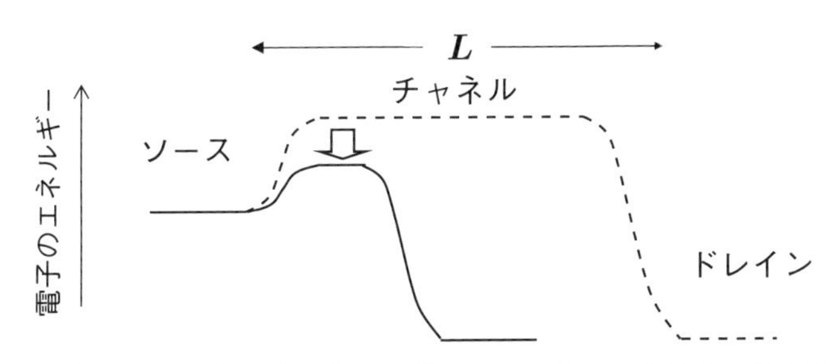

図 7.4　ドレインによるチャネルのポテンシャル・バリアの低下 (DIBL).

7.2.2　CMOSデバイスのラッチアップ現象 [23]

微細化によって，素子と素子の間隔も狭くなる．ここでは，CMOS構造特有の問題である**ラッチアップ** (latch up) 現象について説明する．

素子数が10億個を超える超LSIでは消費電力を下げることが課題であり，6.4.2項で述べたCMOS回路が必須となる．図7.5は，CMOS構造の一例であ

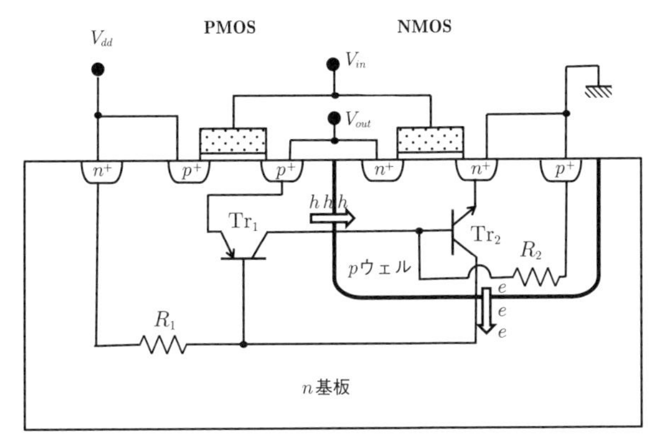

図 7.5　ラッチアップ現象の説明図.

る．CMOS では NMOS および PMOS を同時に形成するために，数々の**寄生素子** (parasitic element) が存在する．同図には，寄生素子として横型の *pnp* バイポーラトランジスタ Tr_1 と縦型の *npn* バイポーラトランジスタ Tr_2 が存在する[5]．また，寄生抵抗 R_1 と R_2 も存在する．Tr_1 と Tr_2 の電流増幅率 h_{FE} の積が 1 以上で，かつ，Tr_1 と Tr_2 のいずれかが導通すると，大電流が流れ素子が破壊するラッチアップ現象が生じる．

ラッチアップの原因は，入出力端子での電圧のオーバーシュート[6] やアンダーシュート[7]，基板電流などである．例えば，図 7.5 で出力 V_{out} がオーバーシュートして V_{out} が V_{dd} を超えると，Tr_1 のエミッタ・ベース間が順バイアス状態になる．p^+ 拡散層からホールがベースである n 基板に注入される．n 基板の抵抗 R_1 が高くホールが吸い出されず，また，Tr_1 のコレクタである *p* **ウェル** (well)[8] が近くにあると，ホールは p ウェルに流れ込む．p ウェルは Tr_2 のベースでもあり，p ウェルの抵抗 R_2 が高いと正電荷のホールにより p ウェルの電位が上昇する．このため，Tr_2 のエミッタ・ベース間が順バイアス状態になり Tr_2 が導通する．電子がエミッタの n^+ 拡散層からコレクタの n 基板に放出され n 基板の電位が低下する．この結果，Tr_1 のエミッタ・ベース間がさらに順バイアスになる．つまり，Tr_1 からホールが p ウェルに放出され p ウェル電位が上昇し，また，Tr_2 から電子が n 基板に放出され n 基板の電位が低下する．この正帰還により，p ウェルと n 基板にホールと電子が流れ込み高注入状態になる．そして，過剰なホールと電子で p ウェル・n 基板間は逆バイアスから遂には順バイアスになり導通する[9]．したがって，Tr_1 のエミッタである p^+ 拡散層から Tr_2 のエミッタである n^+ 拡散層の間に大電流が流れ素子が破壊するのである．

集積度を上げるために素子と素子の間隔を狭くすることは，寄生バイポーラトランジスタのベース幅を狭くすることに相当する．したがって，h_{FE} が大きくなりラッチアップが生じやすくなる．

ラッチアップの防止には，次の点を考慮すればよい．

(1)　Tr_1 または Tr_2 の性能を低下させる．
(2)　寄生抵抗 R_1，R_2 を小さくする．
(3)　キャリアの注入による n 基板および p ウェルの電位変動を抑える．

具体的に寄生バイポーラトランジスタの性能を下げるには，ベース幅を広げるように幾何学的配置を考慮して拡散層などのレイアウト・パターンを設計する．また，R_1 および R_2 を小さくするには，低抵抗の**エピタキシャル・ウェハ** (epitaxial wafer) や高濃度の 2 つのウェル (twin tub) 構造を用いる．キャリア注入による電位変動を抑えるためには，ウェルの境界に**ガードリング** (guard ring) とよばれる電位固定の拡散層を形成したり，図 7.6 に示すようにキャリア注入自体を防止するためにウェル境界を絶縁膜で分離するトレンチ (trench) 分離とよばれる方法が使われている．

5　この 2 つのバイポーラトランジスタの構成は，**サイリスタ** (thyristor) とよばれる．

6　信号の立ち上がり時に，一時的に規定レベルを行き過ぎて上回ってしまうこと．

7　信号の立ち下がり時に，一時的に規定レベルを行き過ぎて下回ってしまうこと．

8　ウェルとは“井戸”という意味で，図 7.5 の場合では n 基板の中の p タイプ領域のことである．この p タイプ領域，つまり p ウェルに NMOS が作られる．

9　p ウェルと n 基板は，過剰キャリアのために電荷的に i タイプになっている．つまり，p-i-n ダイオードとして導通している．

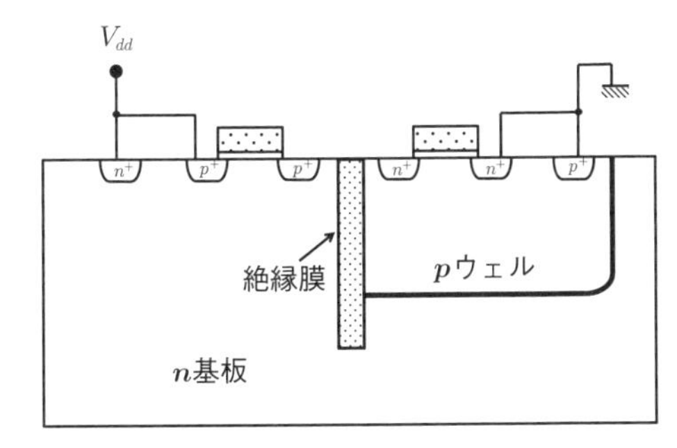

図 7.6　キャリア注入を防止するため，ウェル境界を絶縁膜で分離．

7.3　配線の微細化による信号遅延 [24]

デバイスと共に配線も微細化する．ここでは，配線の微細化による**信号伝播** (signal propagation) の遅れについて説明する．

7.3.1　定性的な説明

回路の信号伝播の遅延時間 τ_{delay} は，単純化すると図 7.7 に示すように，駆動 MOS トランジスタで配線を介して負荷容量 C_L を充電する時間である．配線にも抵抗 R_{wire} と容量 C_{wire} があり，信号伝播の遅延に影響を与える．配線が長い場合 $(C_{wire} \gg C_L)$，次式に示すように，回路の遅延時間 τ_{delay} は，主に駆動 MOS トランジスタの ON 時のチャネル抵抗 R_{ch} を介して配線容量 C_{wire} を充電する時間 [10] と 配線での信号伝播の遅延時間 τ_{wire} の 2 つによって決まる [25]．

$$\tau_{delay} \approx 2.3R_{ch}C_{wire} + R_{wire}C_{wire}$$
$$= (2.3R_{ch} + R_{wire})C_{wire} \tag{7.3}$$

10 RC 回路でステップ状の入力を与えた場合に出力がその最終電位の 90%の値になる時間を遅延時間と定義すると，分布定数 RC 回路および集中定数 RC 回路の遅延時間は，それぞれ 1.0 RC，2.3 RC となる．

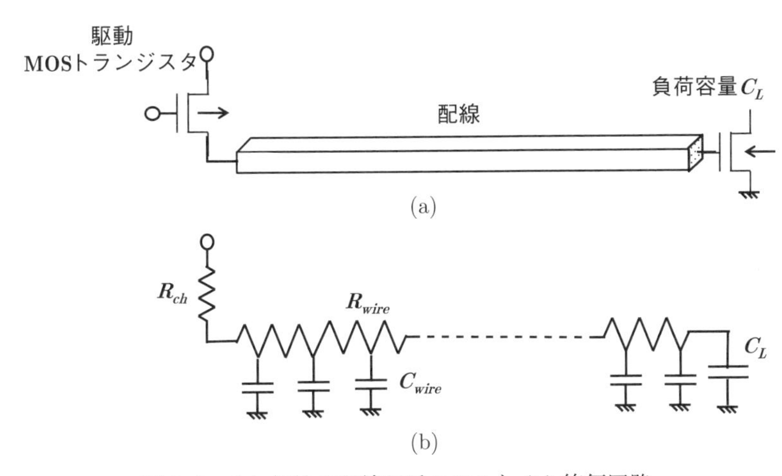

図 7.7　(a) 信号の配線遅延モデルと (b) 等価回路．

11　7.1 でデバイスの遅延時間 τ_{device} を CV/I で説明した．R_{ch} は V/I であり，スケーリングで R_{ch} は不変である．

スケーリングしても R_{ch} は変わらない[11]．配線遅延の影響を考える上で，R_{wire} がスケーリングに対してどう振舞うかが第1のポイントである．第2は，C_{wire} である．

スケーリング則に従って微細化すれば，7.1 節で述べたように MOS トランジスタ自体は高速化する．しかし，配線をスケーリングしても配線による遅延時間 τ_{wire} はスケーリングされず（7.3.2 項で後述），相対的に回路動作は配線遅延に律速されることになる．さらに，メモリ LSI では配線長は一定のまま配線幅や膜厚をスケーリングする場合がある．この場合，信号が細い配線を流れることになり配線による遅延時間 τ_{wire} が増大する．一方，システム LSI ではメモリ LSI と異なり，配線が周期状のパターンをしていないために配線に長短がある．したがって，配線の遅延時間にばらつきがある．信号を入力した場合，入力に近いゲートと入力から遠いゲートで時間差が生じてしまう．この時間差が大きいと回路が誤動作する．このように超 LSI が大規模になるにつれて，配線による遅延は大きな問題となる．

以上は定性的な説明であるが，次に配線による遅延時間 τ_{wire} を簡単な式を用いて定量的に評価してみよう．

7.3.2　遅延時間の見積もり

配線による遅延時間 τ_{wire} として，$R_{wire}C_{wire}$ を簡易式で見積もろう．図 7.8 (a) に示すように，配線幅 W，配線長 L，配線膜厚 T，配線下の酸化膜厚 H を与えるとき，R_{wire} と C_{wire} は次式で表される．

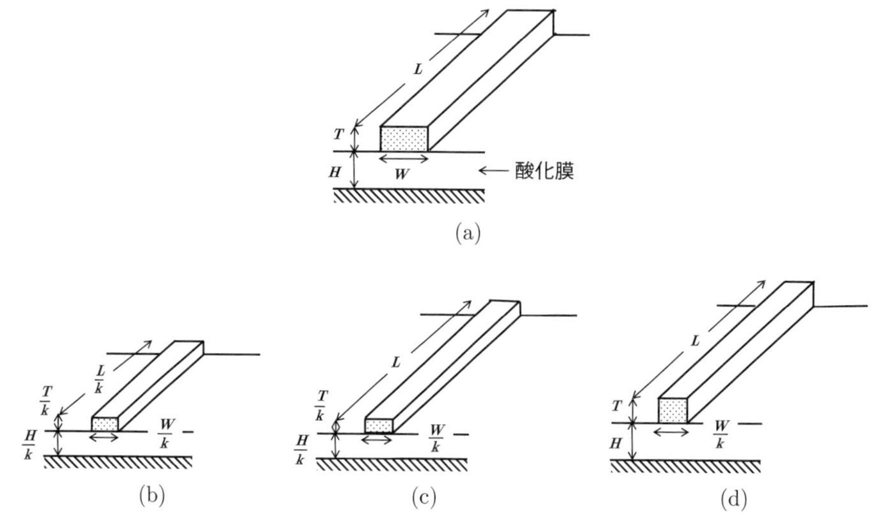

図 7.8　配線のスケーリングの説明図．(a) スケーリング前．(b) すべての寸法をスケーリングする．(c) 配線長のみをスケーリングしない．(d) 膜厚と配線長をスケーリングしない．

$$R_{wire} = \rho_{wire}\frac{L}{WT} \tag{7.4}$$

$$C_{wire} = \varepsilon_{ox}\frac{WL}{H} \tag{7.5}$$

C_{wire} は**平行平板容量** (parallel plate capacitance) で近似した．ここで，ρ_{wire} は配線材料の**抵抗率** (resistivity)，ε_{ox} は酸化膜の誘電率である．したがって，遅延時間 τ_{wire} は次のようになる．

$$\begin{aligned}\tau_{wire} &= R_{wire}C_{wire} \\ &= \rho_{wire}\varepsilon_{ox}\frac{L^2}{TH}\end{aligned} \tag{7.6}$$

この場合，τ_{wire} は配線幅 W に依らない．

(1)　すべての寸法をスケーリングする場合

図 7.8 (b) に示すように，配線の幅や長さなどをすべて一様にスケーリング比 k で縮小すると，スケーリング後の配線抵抗 R'_{wire} と容量 C'_{wire} は，

$$\begin{aligned}R'_{wire} &= \rho_{wire}\frac{\frac{L}{k}}{\frac{W}{k}\frac{T}{k}} \\ &= kR_{wire}\end{aligned} \tag{7.7}$$

$$\begin{aligned}C'_{wire} &= \varepsilon_{ox}\frac{\frac{W}{k}\frac{L}{k}}{\frac{H}{k}} \\ &= \frac{C_{wire}}{k}\end{aligned} \tag{7.8}$$

となる．C'_{wire} は $1/k$ にスケーリングされるものの，R'_{wire} は k 倍に増加する．結局，遅延時間 τ'_{wire} は，

$$\begin{aligned}\tau'_{wire} &= R'_{wire}C'_{wire} \\ &= \tau_{wire}\end{aligned} \tag{7.9}$$

となり，配線の寸法を一様にスケーリングしても遅延時間はスケーリングされない．スケーリングで MOS トランジスタは k 倍に高速化し，一方配線の遅延時間は変わらない．つまり，相対的に回路の動作速度を配線の遅延が律速することになる．

(2)　配線長のみをスケーリングしない場合

さらに，メモリ LSI ではチップの端から端までつなぐような配線が存在し，スケーリングした場合でも配線長は変わらないことが多い．図 7.8 (c) に示すように，配線長が変わらない場合の配線抵抗 R''_{wire} と容量 C''_{wire} は，

$$R''_{wire} = k^2R_{wire} \tag{7.10}$$

$$C''_{wire} = C_{wire} \tag{7.11}$$

となる．容量はスケーリングされず，抵抗はk^2倍に増加する．したがって，遅延時間τ''_{wire}は，

$$\tau''_{wire} = k^2 \tau_{wire} \tag{7.12}$$

となり，スケーリングすると遅延時間はk^2倍に増加する．スケーリングされた素子がk倍のスピードで動作することを考えると，配線長がスケーリングされない場合には配線による遅延が支配的になり，もはやスケーリングによって高速化を実現することは不可能になる．また，配線の断面積が$1/k^2$に減少するため電流が$1/k$に減少しても電流密度がk倍になり配線の信頼性上の問題となる．

(3)　膜厚と配線長をスケーリングしない場合

これまでは，配線断面の垂直方向（膜厚）も水平方向と同じスケーリング比で比例縮小するとした遅延時間について説明した．実際には配線の電流密度の増加など信頼性上の理由から，配線断面の垂直方向は水平方向ほどスケーリングされない．そこで，図7.8 (d)に示すように，垂直方向はスケーリングせず水平方向のみをスケーリングする場合を考える．なお，配線長Lはスケーリングしないものとする（Lをスケーリングした効果は容易に考えられるだろう）．垂直方向をスケーリングしない場合には，次の2つの影響で配線容量についての平行平板容量の近似が成り立たなくなる．

・配線端部での**フリンジ** (fringe) 容量[12]
・配線が隣接している場合での配線間容量

12　フリンジとは外縁という意味である．フリンジ容量は，図7.9 (a)で後述する．

まず平行平板容量の近似が成り立つものとして，垂直方向をスケーリングしない場合について考えてみよう．この場合，抵抗と容量は次式で表される．

$$R'''_{wire} = kR_{wire} \tag{7.13}$$

$$C'''_{wire} = \frac{1}{k} C_{wire} \tag{7.14}$$

抵抗がk倍であり(7.10)式のk^2依存性よりは弱くなる．容量も$1/k$にスケーリングされる．したがって，遅延時間τ'''_{wire}は，

$$\tau'''_{wire} = \tau_{wire} \tag{7.15}$$

となる．この結果からは，配線膜厚Tおよび配線下の酸化膜厚Hをスケーリングしないことにより，遅延時間はスケーリング前と変わらない．しかし，実際は前述した2つの影響から，配線容量は(7.14)式ほどには減少しない．次に，2つの影響について考えてみる．

図7.9 (a)に示すように，容量は平行平板容量だけではなく配線端部にフリンジ容量がある．(b)は，配線膜厚Tと配線下の酸化膜厚Hを変えずに，配線幅Wを微細化した場合の容量の2次元シミュレーション結果[26)]である[13]．なお，一点鎖線は平行平板容量である．垂直方向をスケーリングしないで配線幅

13　図7.9 (b)は下地の酸化膜厚Hで他の寸法を規格化してある．

W だけをスケーリングすると，W の微細化に伴いフリンジ容量が顕著になり，W を微細化しても容量はさほど減少しない．膜厚をスケーリングしない配線の容量を平行平板容量で求めることは大きな誤差になる．

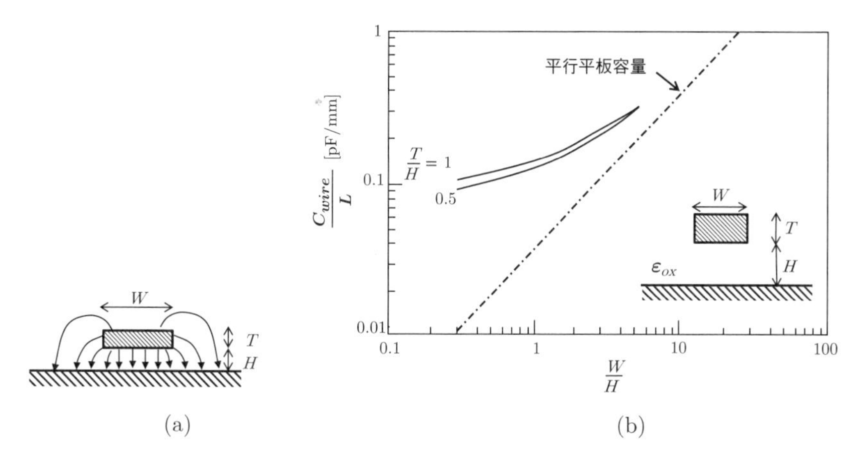

図 7.9　単一配線での (a) フリンジ容量と (b) 容量の配線幅依存性.

超 LSI では配線同士が平行にレイアウトされていることが多い．配線が隣接している場合には，微細化に伴い配線間の容量の影響が強くなる．図 7.10 は，配線幅 W と配線間隔 S の比を一定に保ちながら微細化した容量の 2 次元シミュレーション結果 [26] である．W の微細化によって基板との容量 C_{10} は減少する．しかし，配線間の容量 C_{12} は増加する．つまり，微細化によって配線間の容量が支配的になる [14]．また，このことは配線間の相互干渉が強くなり回路の誤動作の危険性が高まることを意味している．

膜厚をスケーリングしない配線の容量 C'''_{wire} は 2 次元効果により (7.14) 式の $1/k$ ほどには減少しない．したがって，微細化により配線による**信号遅延** (signal delay) の影響が強く現れる．

14　スケーリングにより基板との容量 C_{10} が減少し，配線間容量 C_{12} が増加する．この結果，全体の容量 C_{11} が最小となる配線構造が存在する．この場合，$W/H = 1$ 付近で配線容量 C_{11} は最小となる．

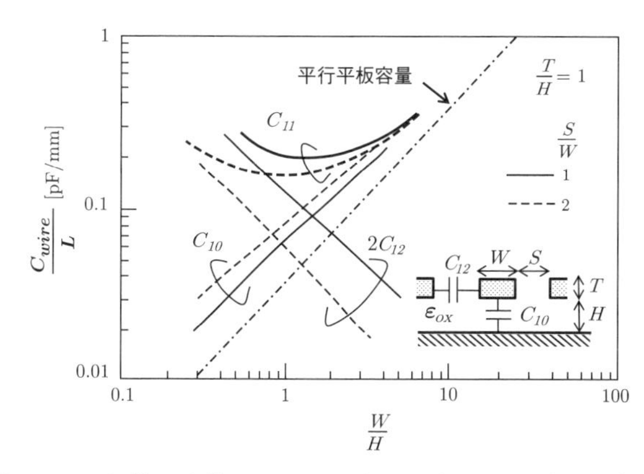

図 7.10　配線が隣接している場合での容量の配線幅依存性.

(4)　スケーリングした配線の遅延時間のまとめ

ここまで，3 種類のスケーリングが配線の遅延時間へ与える影響について考えてきた．3 種類のスケーリングを再び示せば，以下の通りである．

(1)　垂直および水平方向のいずれの寸法に対してもスケーリングする．
(2)　配線長のみスケーリングしない．
(3)　膜厚（垂直方向）および配線長をスケーリングしない．

これらのスケーリングの影響をまとめて表 7.2 に示す．配線の遅延時間がスケーリングされないのは，配線抵抗が増加するためである．3 つのすべてで，k 倍以上に増加する．さらに，配線長をスケーリングしない場合には配線容量もスケーリングされず，配線による信号伝播の遅延が顕著になっている．

表 7.2　配線パラメータのスケーリング．k はスケーリング係数 $(k > 1)$．

パラメータ	すべての寸法をスケーリングする．	配線長のみスケーリングしない．	膜厚と配線長をスケーリングしない *．
配線抵抗 R_{wire}	k	k^2	k
配線容量 C_{wire}	$\frac{1}{k}$	1	$\frac{1}{k}+\alpha$
遅延時間 τ_{wire}	1	k^2	$1+k\alpha$

$*\alpha$ はフリンジ容量および配線間容量による増分を表す．

ここで注意しておかねばならないことがある．それは，(7.6) 式に示したように，配線の遅延時間が配線長 L の 2 乗で効いていることである．システム LSI ではメモリ LSI とは異なり周期的なパターンをしていないため，配線に長短がある．したがって，配線による遅れにはばらつきがあり，このために回路が誤動作する危険がある．配線の遅延時間が L^2 で効くということは，配線の長短の影響が大きいということであり，回路設計が難しくなっている．

回路動作の高速化および安定化のために，配線による信号の遅れは極力抑えなければならない．そのためには，低抵抗の配線材料，低誘電率の絶縁膜および配線の多層化などが有効である．配線技術は超 LSI にとって必要不可欠なものであり，高集積化の進行と共にその重要性が増している．

7.4　フラッシュメモリ

ここでは，メモリ LSI を概説し，そして超 LSI の代表例としてフラッシュメモリを説明する．

7.4.1　メモリ LSI の分類

メモリ LSI には，図 7.11 に示すように，電源を切ったらデータが消えてしまう揮発性メモリと電源を切ってもデータが保持される不揮発性メモリがある．揮発

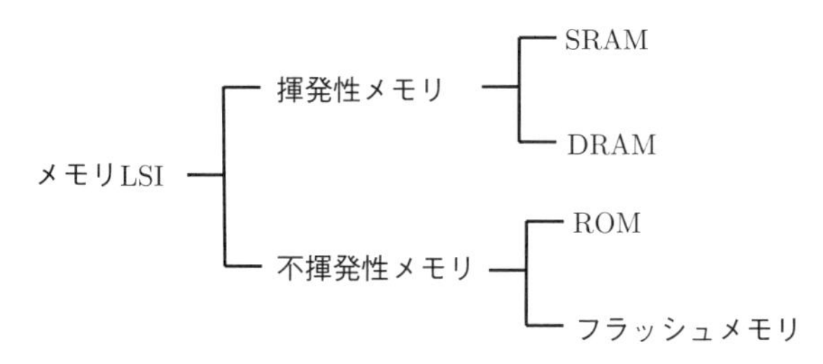

図 **7.11**　メモリ LSI の分類.

性メモリの代表は，SRAM(static random access memory) と DRAM(dynamic random access memory) である [15]．SRAM は、スーパーコンピュータの主記憶装置などにも使用する高速なもので、パソコンではキャッシュメモリなどに用いられる．高速だが，**セル** (cell) とよばれる記憶部の素子数が多く大容量化が難しい．一方，DRAM は SRAM よりも若干遅いものの、セルの構造が単純で容量あたりのコストが安いという特徴がある．

15 DRAM ではデータをコンデンサの電荷として蓄えているため、一定時間経つと自然放電によりデータが消えてしまう．このためダイナミック（動的）とよばれる．一方，SRAM をスタティック（静的）というのは，データを回路状態として記憶しているために電源を切らない限りデータが消えることはないからである．

ROM(read only memory) は，不揮発性の読出し専用（書き換え不可能）メモリで、電源を切ってもデータは消えない．ROM としては，製造時にデータが書き込まれたマスク ROM などがある．

7.4.2　フラッシュメモリ：データの書き込みと消去

フラッシュメモリ (Flash memory)[27] は不揮発性で，かつ，DRAM よりも動作は遅いもののデータを電気的に書き換えることができる [16]．ここでは，超 LSI の 1 つとして広く用いられているフラッシュメモリを半導体デバイスという観点から説明する．

16 一瞬でデータを消去できることから，カメラのフラッシュをイメージして フラッシュメモリと名付けられた．

図 7.12 は，フラッシュメモリのセル構造である．MOS トランジスタをベースにしていて，素子 1 個でメモリになりセル面積が小さい．ゲートの下に電荷を蓄える**電荷蓄積層** (charge storage layer) がある．ここに負電荷の電子を蓄えると，しきい値電圧 V_{th} が高くなる．電荷蓄積層に電子があるか否かで，データを記憶している．電荷蓄積層は，窒化膜などの電子トラップや絶縁膜で囲まれた**フローティングゲート**（floating gate, 以下 FG と略す）で構成する．電源を切っても電荷蓄積層にある電子は動かないので，電子の有無のデータを保持できる．

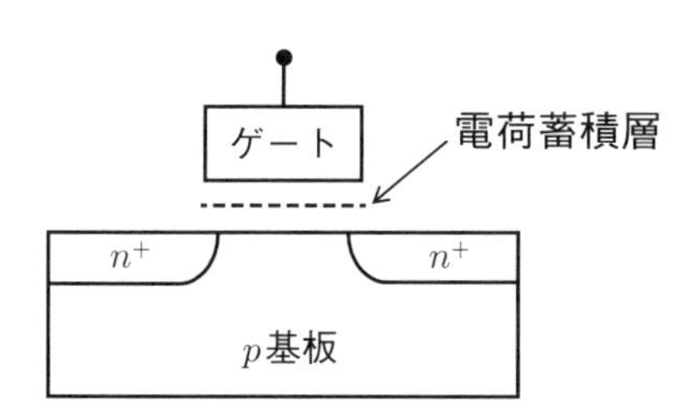

図 **7.12**　フラッシュメモリのセル構造.

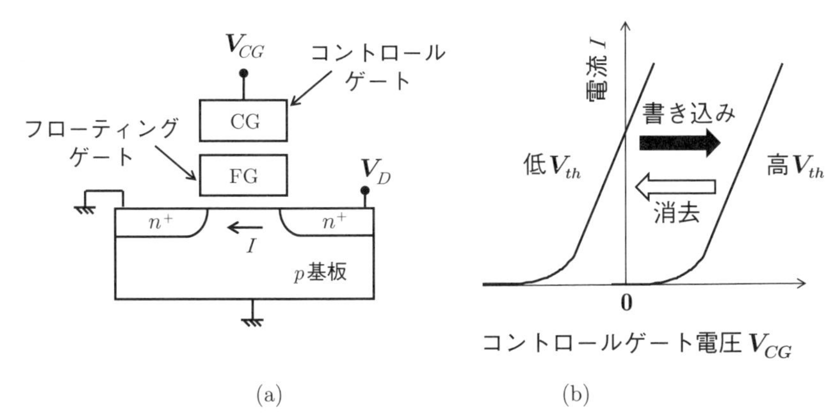

図 7.13　(a) フローティングゲート・セル構造と (b) セル電流 I のコントロールゲート電圧 V_{CG} 依存性.

図 7.13 (a) は，FG に電子を蓄えるセル構造である．FG の上のゲートを**コントロールゲート**（control gate，以下 CG と略す）という．FG に電子が少ない場合には V_{th} は低く，これを "低 V_{th}" 状態とする．一方，電子が多い場合は "高 V_{th}" 状態である．(b) は，FG の電子の多少によるセル電流 I の CG 電圧 V_{CG} 依存性である．CG に 0 V を印加すると，"低 V_{th}" 状態ではセル電流が流れるが "高 V_{th}" 状態では流れない．電流が流れるか否かで，FG に蓄えられたデータを判別できる．"低 V_{th}" 状態から "高 V_{th}" 状態にデータを変えるには，CG に正電圧を印加して基板から FG へ電子を書き込む．一方，"高 V_{th}" 状態のデータを消去するには，基板に正の電圧を印加し電子を FG から基板に引き抜き "低 V_{th}" 状態にする．

図 7.14 は，FG への電子注入の説明図である．(a) に示すように，CG に正電圧（18 V 程度）を印加して FG へ電子を注入する．(b) はエネルギーバンド図である．高電界で酸化膜のエネルギーバンドが曲がるため酸化膜厚が実効的に薄くなる．2 章で述べたように，電子には波の性質があり酸化膜を透過して電流が流れる．これを **FN トンネル** (Fowler-Nordheim tunneling) 電流という．フラッシュメモリでは，FN トンネル電流で電子を書き込む．典型的な酸化膜厚 t_{ox} は 7 nm 程度である．なお，消去は基板に正電圧を印加し，FN トンネル電流で電子を FG から基板に引き抜く．

本書では，はじめて学ぶ人を対象として半導体デバイスを説明した．半導体デバイスが進展し，大容量のメモリや高速なコンピュータが実現している．今後も Si を中心とした半導体産業は発展していく．半導体デバイスの基礎知識をエネルギーバンド図などを用いて本質的に理解することが重要である．

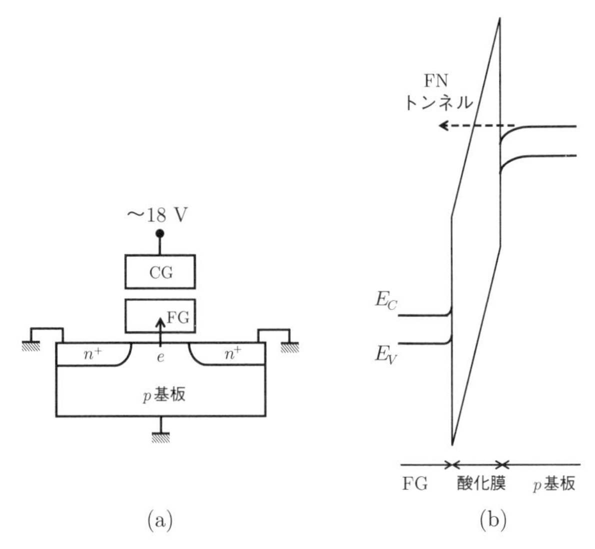

図 **7.14**　(a) FG への電子の書き込みと (b) エネルギーバンド図.

[7 章のまとめ]

1. スケーリング則に基づいて微細化すれば，デバイスは高速に動作し，しかもチップの消費電力は変わらない.
2. 微細化の課題として，MOS トランジスタではチャネル長の縮小により V_{th} が低下する短チャネル効果が生じる.
3. CMOS デバイスも微細化によりラッチアップ現象という問題が生じる.
4. 微細化の進展により，回路動作は配線の信号伝搬の遅れが顕著になる.
5. 超 LSI の代表例としてのフラッシュメモリのセルは，MOS トランジスタのゲートと p 基板の間に電荷蓄積層があるものとして理解できる.

7章　演習問題

[演習7.1] 表7.1のスケーリング則の効果の内，本文で述べた3項目（チップの素子数n，ドレイン電流I_D，デバイスの遅延時間τ_{device}）以外を説明せよ．

[演習7.2] チャネル長Lの微細化と共にV_{th}が低下する短チャネル効果について，V_{th}低下の理由を説明せよ．

[演習7.3] 図7.5のラッチアップの説明では，出力V_{out}がオーバーシュートした場合を考えた．V_{out}がアンダーシュート[17]した場合でもラッチアップが生じる．V_{out}がアンダーシュートして，V_{out}につながるn^+拡散層から電子がベースとなるpウェルに注入されたとしてラッチアップを説明せよ．

17 V_{out}が0V以下になる．

[演習7.4] 配線の幅や長さなどをすべて一様にスケーリングすると，遅延時間$R_{wire}C_{wire}$はスケーリング前と変わらない．なぜスケーリングにより回路の動作速度が配線遅延に律速されることになるかを説明せよ．

[演習7.5] フラッシュメモリのセルは，CGの下の電荷蓄積層での電荷の有無でV_{th}が変化する．CGと電荷蓄積層の距離を長くすると，電荷の有無でV_{th}の変化量は大きくなるか小さくなるか述べよ．

7章 演習問題解答

[解答 7.1] 以下に解答する．

単位面積当たりの容量 C_0 は t_{ox} に反比例する．スケーリングで t_{ox} が $1/k$ に薄くなると，C_0 は大きくなる．

容量 C は，C_0 に面積 LW を乗じたものである．面積が $1/k^2$ に小さくなるので，C は $1/k$ に小さくなる．

単位長当たりのチャネル電荷 Q_S は，$WC_0(V_G\text{-}V_{th})$ で与えられる．容量 WC_0 がスケーリングに不変で，一方 $V_G\text{-}V_{th}$ は $1/k$ になる．したがって，Q_S は $1/k$ に小さくなる．

キャリア速度 v_S は，スケーリングで電界が変わらないため，不変である．

素子の動作速度は $1/\tau_{device}$ であり，スケーリングで高速に動作する．

素子当たりの消費電力 P_{device} は，$I \cdot V$ で与えられる．スケーリングで，I も V も $1/k$ に小さくなる．P_{device} は $1/k^2$ に小さくなる．

チップの消費電力 P_{chip} は，$n \cdot P_{device}$ で与えられる．素子数 n が k^2 で増えるものの，素子当たりの消費電力 P_{device} は $1/k^2$ に小さくなる．したがって，P_{chip} はスケーリングしても変わらない．

[解答 7.2] V_{th} 低下の理由は，チャージ・シェアリングとDIBLである．チャージ・シェアリングでは，ソースおよびドレインの空乏層のためにゲートが担当すべき電荷 Q_b が減る．L を縮小すると，この影響が顕著になる．DIBLでは，ドレインによりチャネルのポテンシャル・バリアが引き下げられ V_{th} が低下する．

[解答 7.3] 図7.15を用いて説明する．V_{out} がアンダーシュートして，Tr_2 のエミッタ・ベース間が順バイアス状態になると，n^+ 拡散層から電子がベースとなる p ウェルに注入される．p ウェルの抵抗 R_2 が高く電子が吸い出されず，また，Tr_2 のコレクタである n 基板が近くにあると，電子は n 基板に流れ込む．n 基板は Tr_1 のベースでもあり，電子により n 基板の電位が下がる．このため，Tr_1 のエミッタ・ベース間が順バイアス状態になり Tr_1 が導通する．ホールが p ウェルに放出され，p ウェルの電位が上昇する．この結果，Tr_2 のエミッタ・ベース間がさらに順バイアスになり，ラッチアップが生じる．

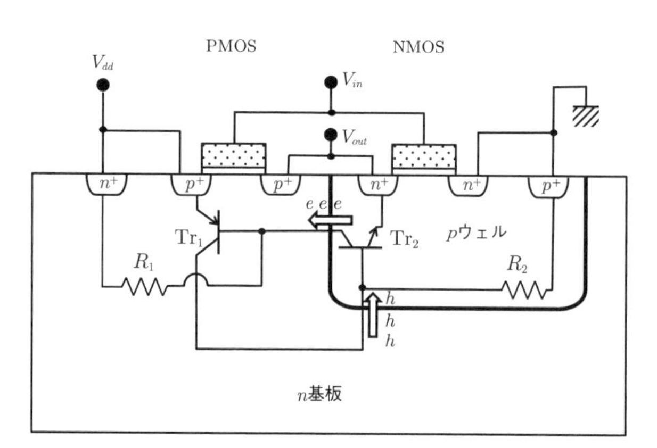

図 7.15　[演習 7.3] でのラッチアップ現象の説明図.

[解答 7.4] スケーリングで配線の遅延時間は変わらないが，MOS トランジスタは k 倍に高速化する．この結果，相対的に回路の動作速度は配線遅延に律速されることになる．

[解答 7.5] CG と電荷蓄積層の距離 d を長くすると，V_{th} の変化量 ΔV_{th} は大きくなる．CG と電荷蓄積層間の容量を C とし，電荷蓄積層に蓄えられた電荷を Q とすると，ΔV_{th} は Q/C である．d を長くすると C が小さくなり，ΔV_{th} は大きくなる．言い換えると，CG から遠いところにある Q を制御する（打ち消す）ために CG の電位変化 (ΔV_{th}) は大きくなる．

付録

【付録 A1】　定数表

物理量	値
真空の誘電率 ε_0	8.85×10^{-14} F/cm
プランク定数 h	6.626×10^{-34} J·s
素電荷 q	1.60×10^{-19} C
ボルツマン定数 k	8.62×10^{-5} eV/K
室温 (300 K) での kT	0.0259 eV

【付録 A2】　Si の基本定数（室温 (300 K)）

物理量	値
原子密度	5.0×10^{22} cm^{-3}
エネルギーギャップ E_g	1.12 eV
伝導帯の有効状態密度 N_C	2.86×10^{19} cm^{-3}
価電子帯の有効状態密度 N_V	3.10×10^{19} cm^{-3}
真性キャリア密度 n_i	1.0×10^{10} cm^{-3}
比誘電率 K_{Si}	11.7
融点	1415 ℃

【付録 A3】　基本特許から実用化まで 32 年かかった MOS トランジスタ

MOS トランジスタを実用化するために，その基本となる電界効果トランジスタの特許から 32 年もの長い年月を要した．ここでは，開発の苦労を知るために，その歴史を振り返ってみよう．

電界効果トランジスタの特許は，1.1 節で述べたように，1933 年にリリエンフェルトが取得した．しかし，当時は半導体理論や安定な半導体製造技術はなく，この特許は実用化されなかった．ベル研究所は 1938 年にショックレーを中心に固体物理の基礎研究グループを発足させたものの，うまくいかなかった．

1955年頃，半導体はGeからSiに代わった．この理由は，以下の3つである．1つ目は，SiはGeよりバンドギャップが広く，オフ電流が小さく耐圧も高いことである．2つ目は，Geは高価だったが，Siは地球の岩石や土などに多く存在し安価なことである．3つ目はMOSトランジスタとして重要で，Geの融点は937℃なので高温の酸化に耐えられないが，Siの融点は1410℃なので高温酸化し良質の酸化膜ができることである．Siを熱酸化して，Si界面に未結合手として存在するダングリング・ボンド(dangling bond)をSiO_2で終端できる．1954年に，ベル研究所のフロッシュがSi単結晶を水蒸気中で高温熱処理することで，質の良いSiO_2がSi表面に成長することを見出し，Si/SiO_2の界面の質が改善した．

1960年に単結晶製造のための無転位結晶成長法が実用化され，高品質のSi単結晶が入手できるようになった．同年，ベル研究所のカーングとアタラが，水蒸気酸化SiO_2をゲート酸化膜に用いたMOSトランジスタの特許を考案した．しかし，Si/SiO_2界面にはまだ多くの界面準位[1]が存在し，ゲート電圧で電流を制御するMOSトランジスタの特性は不安定だった．

1965年に，RCAのカーンによって金属不純物やナノ・サイズのゴミ（パーティクル）などを洗浄するRCA洗浄技術が開発された．そして，SiO_2膜中の金属不純物アルカリ・イオン（Na^+，K^+などの可動イオン[2]）対策，Si/SiO_2界面対策そしてSi基板の結晶欠陥対策など，その制御方法が確立されていった．リリエンフェルトの基本特許から32年を経て，MOSトランジスタが実用化された．

界面準位について考えてみよう．現在，Si/SiO_2界面の界面準位の密度は$10^{10}\,\mathrm{cm}^{-2}$のオーダーである．Siの密度は$5 \times 10^{22}\,\mathrm{cm}^{-3}$なので，面密度だと$(5 \times 10^{22})^{2/3} = 1.4 \times 10^{15}\,\mathrm{cm}^{-2}$である．粗い計算であるが，1954年以前は$Si/SiO_2$界面に$10^{15}\,\mathrm{cm}^{-2}$オーダーの界面準位が存在していたかもしれない．界面準位を10万分の1に減らして，MOSトランジスタが実用化できたのである．

1　Si/SiO_2界面ではSi結晶の周期性が断ち切られているため，エネルギーレベル（準位）が存在し，これを界面準位という，

2　可動イオンの原因の1つは人である．Naは人体に多量に存在するから，Siウェハに人が触れるのはもちろんだめである．可動イオンとは違うが，日本では高度成長期に女子工員を大量に採用したら，化粧の粉がダストになって歩留まりが下がったという話もあった．

【付録A4】　マクスウェル・ボルツマン分布関数

エネルギーEとフェルミレベルE_Fとの差$|E - E_F|$がkTよりも十分に大きければ，フェルミ・ディラック分布関数は以下のように近似できる．

$$f(E) \approx e^{-\frac{E-E_F}{kT}} \qquad (E > E_F) \tag{A4.1}$$

$$f(E) \approx 1 - e^{-\frac{E_F-E}{kT}} \qquad (E < E_F) \tag{A4.2}$$

この近似は，関数形が簡単であるため有用である．なお，統計力学では，この簡易式はマクスウェル・ボルツマン分布関数といわれている．図A4.1は，フェルミ・ディラック分布関数とマクスウェル・ボルツマン分布関数を比較したものである．$|E - E_F|$が$2kT$のとき，近似誤差は14%である．しかし，$|E - E_F|$

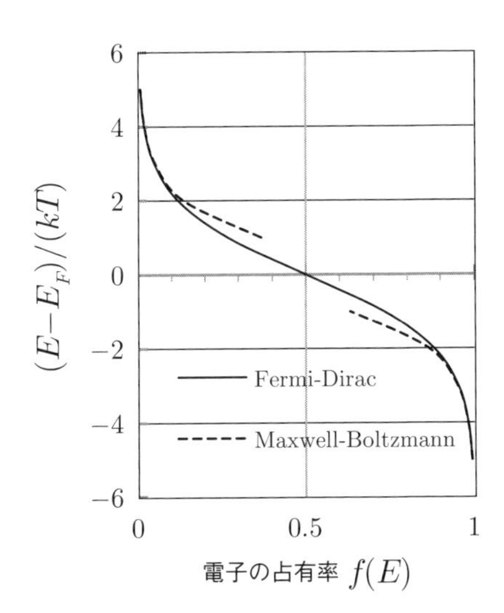

図 A4.1　フェルミ・ディラック分布とマクスウェル・ボルツマン分布関数.

が $3kT$ になれば，誤差は 5%と小さく近似は妥当である.

【付録 A5】　電子密度 n とホール密度 p の式

電子密度 n は，状態密度 $N_e(E)$ に占有率 $f(E)$ を掛けて，伝導帯の下端 E_C から上端のエネルギーで積分すれば求まる．$f(E)$ は伝導帯の上端で急速に減衰するので無限大としても結果は変わらない.

$$n = \int_{E_C}^{\infty} N_e(E) \cdot f(E) dE \tag{A5.1}$$

高いエネルギーでは電子が入れる座席の数は多いが，その席が埋まる確率が低い．なお，$N_e(E)$ は次式で表される [28].

$$N_e(E) = 4\pi \left(\frac{2m_e}{h^2} \right)^{\frac{3}{2}} \sqrt{E - E_C} \tag{A5.2}$$

ここで，h は**プランク定数** (Planck constant)，m_e は電子の有効質量である.

ホール密度 p も $N_h(E)$ に $1 - f(E)$ を掛けて，価電子帯の上端 E_V から負の無限大まで積分すれば求まる.

$$p = \int_{-\infty}^{E_V} N_h(E) \cdot (1 - f(E)) dE \tag{A5.3}$$

ここで，$1 - f(E)$ は電子がエネルギー E の状態を占めていない確率，つまりホールで占められている確率である．なお，$N_h(E)$ は次式で与えられる [28].

$$N_h(E) = 4\pi \left(\frac{2m_h}{h^2} \right)^{\frac{3}{2}} \sqrt{E_V - E} \tag{A5.4}$$

ここで，m_h はホールの**有効質量**である.

積分では，フェルミ・ディラック分布関数を近似した (A4.1) 式と (A4.2) 式のマクスウェル・ボルツマン分布関数を用いる．E_F が E_C および E_V から $3kT$ 以上離れていれば，この近似は妥当である（【付録 A4】参照）．

$$n = N_C e^{-\frac{E_C - E_F}{kT}} \tag{A5.5}$$

$$p = N_V e^{-\frac{E_F - E_V}{kT}} \tag{A5.6}$$

ここで，N_C と N_V は伝導帯中と価電子帯の**有効状態密度**とよばれ，次式で与えられる [28]．

$$N_C = 2\left(\frac{2\pi m_e kT}{h^2}\right)^{\frac{3}{2}} \tag{A5.7}$$

$$N_V = 2\left(\frac{2\pi m_h kT}{h^2}\right)^{\frac{3}{2}} \tag{A5.8}$$

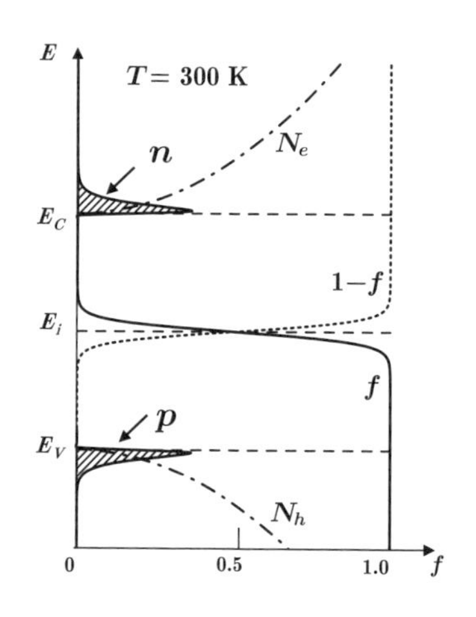

図 A5.1　室温 ($T = 300\,\mathrm{K}$) での i タイプ半導体の電子とホールのエネルギー分布．

図 A5.1 は，i タイプ半導体の室温 ($T = 300\,\mathrm{K}$) での電子とホールのエネルギー分布である．i タイプ半導体でも (A5.5) 式と (A5.6) 式は成り立つ．n と p は等しく真性キャリア密度 n_i で，i タイプ半導体のフェルミレベルを E_i とすると，

$$n_i = N_C e^{-\frac{E_C - E_i}{kT}} \tag{A5.9}$$

$$n_i = N_V e^{-\frac{E_i - E_V}{kT}} \tag{A5.10}$$

である．したがって，(A5.5) 式の n と (A5.6) 式の p は，

$$n = n_i e^{\frac{E_F - E_i}{kT}} \tag{A5.11}$$

$$p = n_i e^{\frac{E_i - E_F}{kT}} \tag{A5.12}$$

と書ける．

低温や不純物濃度が高い場合，E_F が E_C または E_V に近づく．この場合は，マクスウェル・ボルツマン分布関数では近似できなくなり，フェルミ・ディラッ

ク分布関数を使わなければならない．

【付録 A6】 質量作用の法則

質量作用の法則は，化学反応の平衡条件を表すものである．電子 e とホール h が温度 T で熱平衡にあるとき，この状態は次式で表せる．

$$e_{VB} \rightleftharpoons e + h \tag{A6.1}$$

密度を [ ] と表記すると，左辺の価電子の密度 $[e_{VB}]$ と右辺の電子とホールの密度の積 $[e][h]$ の比は温度 T で決まる定数 $\mathrm{k}(T)$ となる．これが，質量作用の法則である．したがって，

$$\frac{[e][h]}{[e_{VB}]} = k(T) \tag{A6.2}$$

となる．$[e]$ を n，そして $[h]$ を p と書き直すと次式となる．

$$\frac{n \cdot p}{[e_{VB}]} = k(T) \tag{A6.3}$$

i タイプ半導体でも上式は成り立ち，

$$\frac{n_i \cdot n_i}{[e_{VB}]} = k(T) \tag{A6.4}$$

となる．(A6.3) 式と (A6.4) 式から，以下の質量作用の式が導かれる．

$$n \cdot p = n_i^2 \tag{A6.5}$$

質量作用の法則は，n タイプでも p タイプでも成り立ち，pn 積が一定であることを意味する．

【付録 A7】 pn 接合の空乏層幅

pn 接合で n タイプと p タイプの空乏層幅の和を W_d とすると，

$$W_d = x_n + x_p \tag{A7.1}$$

である．n タイプ領域の正電荷 $qN_d^+ x_n$ と p タイプ領域の負電荷 $-qN_a^- x_p$ が釣り合っている．電荷を Q_b として，

$$Q_b = qN_d^+ x_n = qN_a^- x_p \tag{A7.2}$$

である．内部電位 ϕ_{bi} は，図 3.10(c) の三角形の面積に対応し，電界 E_{max} と W_d で決まる．

$$\begin{aligned}\phi_{bi} &= \frac{1}{2} E_{max} \cdot W_d \\ &= \frac{1}{2} \frac{Q_b}{\varepsilon_{Si}} \cdot W_d\end{aligned} \tag{A7.3}$$

ここで，ε_{Si} は Si の誘電率である．(A7.1) 式と (A7.2) 式から，

$$x_p = \frac{N_d^+}{N_d^+ + N_a^-} W_d \tag{A7.4}$$

であり，この式と (A7.3) 式から

$$W_d = \sqrt{\frac{2\varepsilon_{Si}}{q}\frac{N_d^+ + N_a^-}{N_d^+ \cdot N_a^-}\phi_{bi}} \tag{A7.5}$$

となる．なお，x_p は (A7.4) 式と (A7.5) 式から次式となる．

$$x_p = \sqrt{\frac{2\varepsilon_{Si}}{q}\frac{N_d^+}{N_a^-(N_d^+ + N_a^-)}\phi_{bi}} \tag{A7.6}$$

例えば，As が $10^{16}\mathrm{cm}^{-3}$ で B が $10^{15}\mathrm{cm}^{-3}$ の pn 接合なら，W_d は $0.97\,\mu\mathrm{m}$ と求まる．このとき，x_n は $0.09\,\mu\mathrm{m}$，x_p は $0.88\,\mu\mathrm{m}$ である．

バイアス V が印加された場合（逆バイアスなら $V < 0$ である），ϕ_{bi} を $\phi_{bi} - V$ で置き換えて，W_d は

$$W_d = \sqrt{\frac{2\varepsilon_{Si}}{q}\frac{N_d^+ + N_a^-}{N_d^+ \cdot N_a^-}(\phi_{bi} - V)} \tag{A7.7}$$

となる．逆バイアスを 0.3 V 印加すると，W_d は熱平衡状態 ($V = 0$) よりも拡がり，$1.17\,\mu\mathrm{m}$ である ($x_n = 0.11\,\mu\mathrm{m}$，$x_p = 1.06\,\mu\mathrm{m}$)．順バイアスを 0.3 V 印加すると，$W_d$ は狭まり $0.72\,\mu\mathrm{m}$ である ($x_n = 0.07\,\mu\mathrm{m}$，$x_p = 0.65\,\mu\mathrm{m}$)．

片側の不純物濃度が他方に比べて非常に濃い場合はよくある．これを**片側階段接合** (one-side step junction) という．例えば，n タイプの濃度が濃く $N_d^+ \gg N_a^-$ なら，

$$W_d = \sqrt{\frac{2\varepsilon_{Si}}{qN_a^-}(\phi_{bi} - V)} \tag{A7.8}$$

となる．B が $10^{15}\,\mathrm{cm}^{-3}$ の片側階段接合で印加電圧 V が 0 V なら，W_d は $0.92\,\mu\mathrm{m}$ となる．図 A7.1 は，逆バイアス V を印加した場合の片側階段接合での空乏層幅 W_d である．

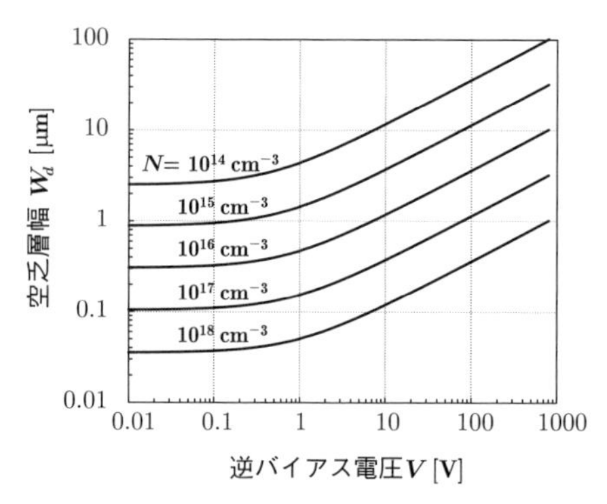

図 A7.1　片側階段接合での空乏層幅 W_d の逆バイアス電圧 V 依存性．

【付録 A8】 キャリアの生成・再結合

半導体中では電子とホールの生成と再結合が同時に起きている．正味の再結合速度 U は，次式で与えられる[29)3]．

3 トラップレベルが E_g の中央にあると，再結合の効率が良い（3 章の側注 25 参照）．ここでは，トラップレベルは E_g のほぼ中央の E_i にあるとした．

$$U = R - G = \frac{pn - n_i^2}{\tau_h(n + n_i) + \tau_e(p + n_i)} \tag{A8.1}$$

ここで，R と G は単位時間当たりの再結合と生成の速度である．pn 積が熱平衡値 n_i^2 からどの程度離れているかが，U の**駆動力** (driving force) である．pn 積が n_i^2 より多いなら熱平衡値に戻そうと再結合が起き，pn 積が n_i^2 より少ないなら生成が起きる．

ここでは，pn 接合ダイオードでのキャリアの生成・再結合を見てみよう．

(1) 順バイアス ($pn \gg n_\mathrm{i}^2$)

まず空間電荷領域（図 3.16 の領域②）を考えよう．再結合が最大となるのは，$n = p$ のときである．順バイアスでは $pn \gg n_\mathrm{i}^2$ であり，U は $n = p$ として次式で表わされる．

$$U \approx \frac{n}{\tau_e + \tau_h} \tag{A8.2}$$

捕獲に要する時間は，τ_e と τ_h の和となる（図 3.17 参照）．

次に，空間電荷領域の外の p タイプ領域（図 3.16 の領域③）を考えよう．低・中注入状態の再結合は，以下のようになる．多数キャリア p_p は Na^- と等しく，少数キャリア n_p と n_i は Na^- に比べて非常に少ないとする ($p_p \simeq Na^-$，$n_p \ll Na^-$，$n_i \ll Na^-$)．このとき，(A8.1) 式は $n_{p0} \simeq n_i^2/Na^-$ から次式となる．

$$U \approx \frac{n_p - n_{p0}}{\tau_e} \tag{A8.3}$$

この場合，トラップレベルには多数キャリアのホールが既にラインナップしていて，少数キャリアの電子が捕獲されるのを待ち構えている．したがって，捕獲に要する時間は τ_e となる．

高注入状態のとき，領域③では過剰の電子とホールが再結合し，そして $n = p$ である．したがって，U は次式で表わされる．

$$U \approx \frac{n}{\tau_e + \tau_h} \tag{A8.4}$$

捕獲に要する時間は $\tau_e + \tau_h$ となり，低・中注入状態より長くなる．

(2) 逆バイアス ($pn \ll n_i^2$)

逆バイアスでは，空乏層内（図 3.19 の領域②'）の n と p は n_i に比べて無視できる．したがって，U は次式で表される．

$$U \approx -\frac{n_i}{\tau_e + \tau_h} \tag{A8.5}$$

なお，逆バイアスでは電子とホールが生成しており．U の符号は負である．

空乏層の外の p タイプ領域（図 3.19 の領域③'）で，U は (A8.3) 式と同じである．ただし，逆バイアスで $n_p \ll n_{p0}$ であり，U は次式で表される．

$$U \approx -\frac{n_{p0}}{\tau_e} \tag{A8.6}$$

図 A8.1 に少数キャリアのライフタイムの不純物濃度依存性を示す [30]．

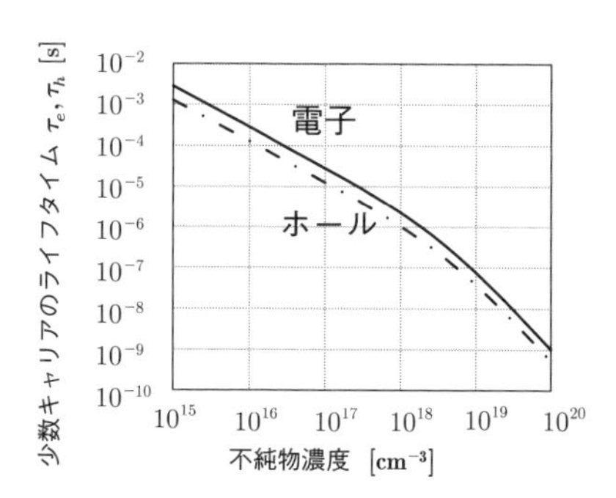

図 A8.1　少数キャリアのライフタイムの不純物濃度依存性．

【付録 A9】　小信号でのエミッタ接地の電流増幅率

図 4.7 に示したエミッタ接地の電流増幅では，小振幅の交流信号を取り扱う．このため，直流のエミッタ接地の電流増幅率 h_{FE} ではなく，正確には小信号の電流増幅率 h_{fe} を用いる．h_{fe} は，次式で定義する．

$$h_{fe} \equiv \frac{dI_C}{dI_B} \tag{A9.1}$$

h_{fe} と h_{FE} には，その定義から以下の関係がある．

$$h_{fe} = \frac{h_{FE}}{1 - \frac{I_C}{h_{FE}}\frac{dh_{FE}}{dI_C}} \tag{A9.2}$$

h_{FE} が I_C によって変わらなければ $(dh_{FE}/dI_C = 0)$，$h_{fe} = h_{FE}$ である．

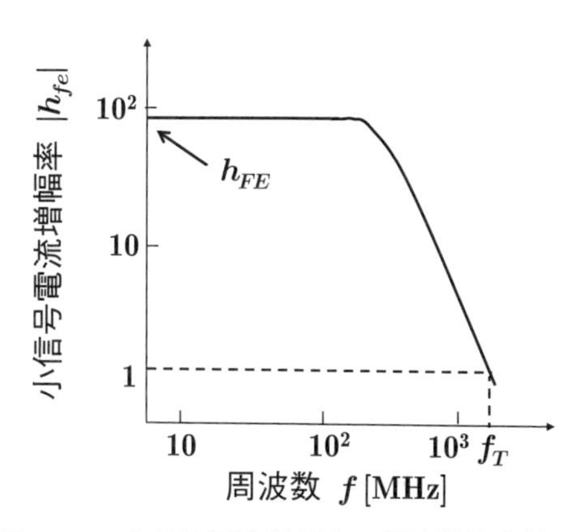

図 A9.1　小信号電流増幅率の周波数依存性．

図 A9.1 は，小信号電流増幅率 h_{fe} の周波数依存性である．低周波では，直流の電流増幅率 h_{FE} となる．しかし，高周波になるとバイポーラトランジスタが信号に追従できなくなり，$|h_{fe}|$ が低下する [4]．$|h_{fe}|$ が 1 となる周波数をカット

4　高周波になると I_C と I_B には位相のずれが生じるため，h_{fe} は絶対値とした．

オフ周波数 f_T と定義する [5].

5　本来，カットオフ周波数は $|h_{fe}|$ が h_{FE} の $1/\sqrt{2}$ に減少する周波数である．しかし，$|h_{fe}|$ が 1 となる周波数を f_T と表し，エミッタ接地回路の高周波限界を表す量として一般に用いられている．

【付録 A10】　バンドギャップ・ナローイングと少数キャリア移動度

不純物濃度が $10^{17}\mathrm{cm}^{-3}$ 以上になると，バンドギャップ E_g が狭くなるなどの高濃度効果が現れる．これは少数キャリアに影響し，バイポーラトランジスタ特性に重要な影響を与える．ここでは，高濃度効果であるバンドギャップ・ナローイングと少数キャリア移動度について説明する．

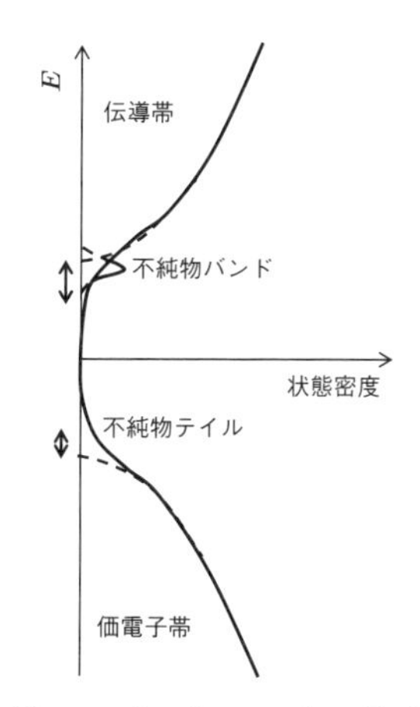

図 A10.1　バンドギャップ・ナローイング ΔE_g^{app} の説明図.

図 A10.1 は，E_g が狭くなる**バンドギャップ・ナローイング** (bandgap narrowing) の説明図である．不純物を添加すると，不純物レベルができる．$10^{17}\mathrm{cm}^{-3}$ 以上になると，不純物原子は相互作用を持ち，波動関数の重なりが生じる．この結果，不純物レベルが分裂し**不純物バンド** (impurity band) となる．また，不純物の**統計的ゆらぎ** (statistical fluctuation) のために不純物テイル (tail) が形成される．これらにより E_g が狭まる．狭まり量を ΔE_g^{app} と表記する [6]．熱平衡の pn 積は，$n_i^2 \cdot \exp[\Delta E_g^{app}/(kT)]$ に増加する．バンドギャップ・ナローイングの影響は，n_i を以下の実効真性キャリア密度 n_{ie} に置き換えることにより考慮できる [7].

$$n_{ie} = n_i e^{\frac{\Delta E_g^{app}}{2kT}} \tag{A10.1}$$

図 A10.2 は，ΔE_g^{app} の不純物濃度依存性である [31)]．これは，バイポーラトランジスタのベース濃度を変えてコレクタ電流から抽出したものである [8]．中注入状態では電荷中性を満たすために多数キャリアは変化せず，pn 積の増加がそのまま少数キャリアの増加になる．ΔE_g^{app} は，少数キャリア密度に大きく影響する．

6　バンドギャップ・ナローイングは，光学的測定と pn 積を基にする電気特性で異なる．電気特性から得られるものを "見かけ上" の E_g の狭まりとして，ΔE_g^{app} と表記する (app は apparent の略).

7　ΔE_g^{app} は不純物濃度の関数であり，不純物分布が均一でないと n_{ie} は場所により異なる．

8　ΔE_g^{app} の抽出では，移動度 μ と真性キャリア密度 n_i を仮定する．1976 年に発表された ΔE_g^{app} のモデルが広く使われてきたが，論文で著者は抽出のとき仮定した移動度の曖昧さを言及していた [32)]．1992 年に μ と n_i を正しいモデルを用いて校正した ΔE_g^{app} のモデルが発表された [33)].

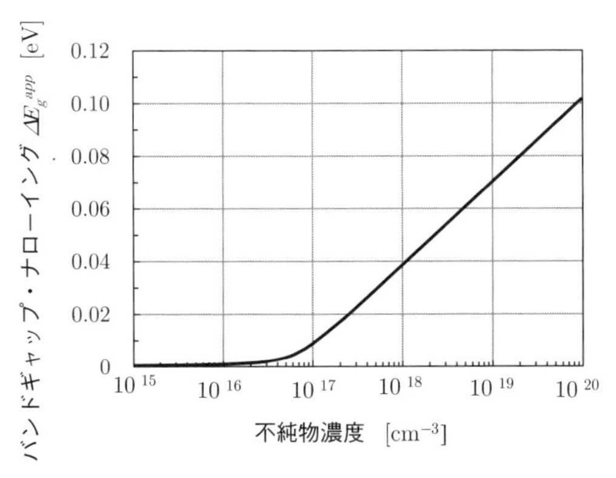

図 A10.2　バンドギャップ・ナローイング ΔE_g^{app} の不純物濃度依存性.

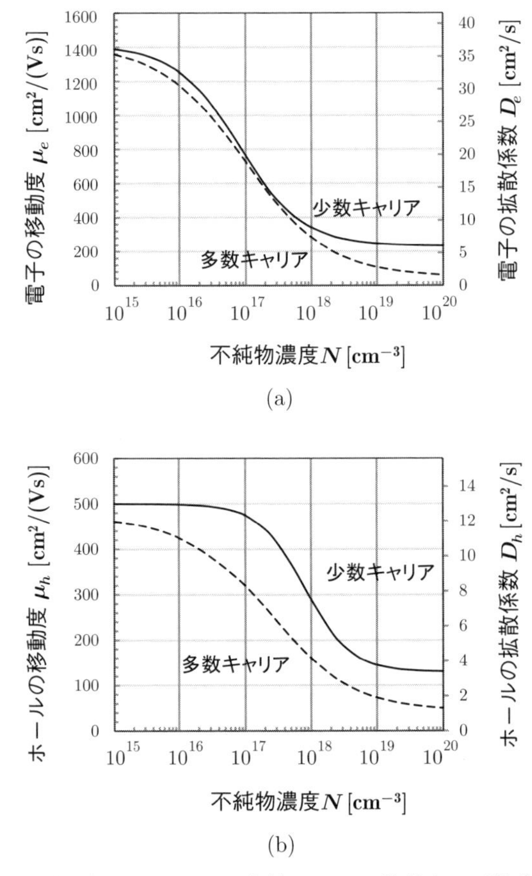

図 A10.3　(a) 電子と (b) ホールの少数キャリア移動度の不純物濃度依存性. 対応する拡散係数も示した.

次に，不純物濃度が高い場合の**少数キャリア移動度** (minority carrier mobility) について説明する．図 A10.3 は，電子とホールの少数キャリア移動度である [34),35)]. 不純物濃度が高くなると，少数キャリア移動度は多数キャリア移動度

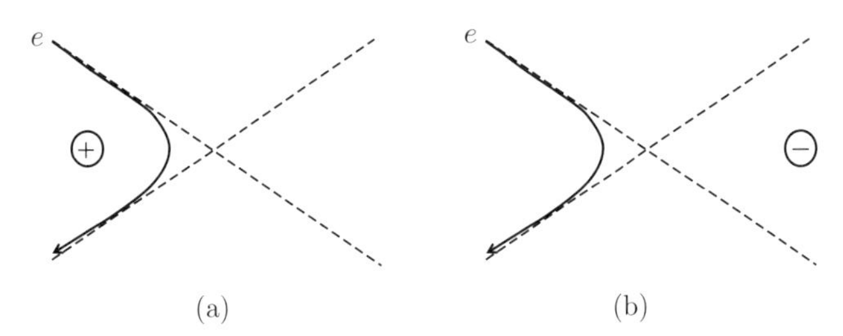

図 A10.4　(a) 正イオンと (b) 負イオンに対する電子の不純物散乱の説明図.

よりも 2 倍以上大きくなる.

従来, 電子の移動度は n タイプ半導体中よりも少数キャリアとなる p タイプ半導体中のほうが大きいことが知られていた. このため, 少数キャリア移動度とよばれている. しかし, この表現は現象の本質を表してはいない.

図 A10.4 を用いて, 電子の移動度について説明する. 現象の本質は, 少数キャリアか多数キャリアかではなく, 電子が散乱を受ける相手が正イオンか負イオンのどちらかかによる. 図 A10.4 (a) は正イオン, (b) は負イオンとの電子の散乱を表す. 1 次的には, 両者の散乱は同じである. しかし, 2 次的な影響として, 正イオンの場合には電子は引き寄せられて散乱を強く受け, 逆に負イオンでは反発し散乱が弱くなる. このため, 電子の移動度は, 正のドナー・イオン（n タイプ半導体）よりも少数キャリアとなる負のアクセプタ・イオン（p タイプ半導体）の場合に大きくなる [36].

次に, 拡散長を求めよう. 電子の拡散長 L_e は,

$$L_e = \sqrt{D_e \cdot \tau_e} \tag{A10.2}$$

で与えられる. 図 A10.3 に示した拡散係数 D_e と図 A8.1 に示したライフタイム τ_e から L_e が求まる. ホールの拡散長 L_h も同様である. 図 A10.5 は, 少数キャリアの拡散長の不純物濃度依存性である.

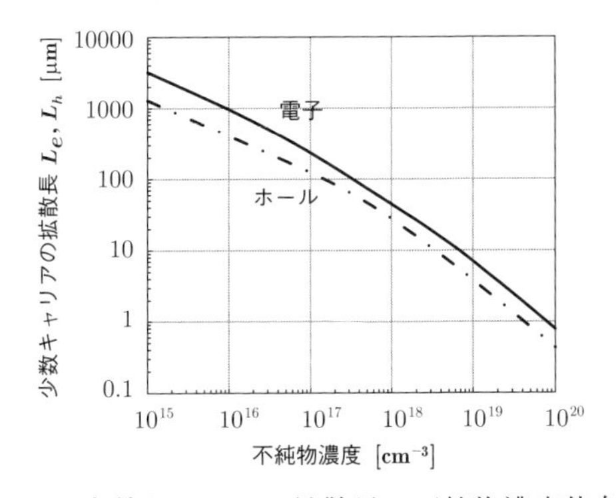

図 A10.5　少数キャリアの拡散長の不純物濃度依存性.

【付録 A11】　しきい値電圧 V_{th}

図 A11.1(a) は，MOS キャパシタの構造である．V_{th} の定義として，酸化膜/p 基板界面の電子密度 n_s が空乏層先端（p 基板側）の不純物濃度 N_a^- と等しくなったときとする．なお，簡単化のため，p 基板の不純物濃度は N_a^- で一定とし，またゲートの空乏層は無視する．

V_{th} は，(b) に示すように，n_s を生成させるための Si の表面電位 ϕ_s，酸化膜中の電位降下 V_{ox}，それと V_{FB} の和である．V_{FB} は，ゲートと基板の物質が違うための補正である．

$$V_{th} = \phi_s + V_{ox} + V_{FB} \qquad \text{(A11.1)}$$

3 つの項はそれぞれ以下のように表される．Si の表面電位は，

$$\phi_s = 2\phi_b \qquad \text{(A11.2)}$$

であり [9]，ここで

9　基板側の E_F と E_i の差は，$q\phi_b$ である．一方，表面側の n_s が N_{sub} と等しくなったとき，E_F と E_i の差は $q\phi_b$ となる．2 つを合わせて，ϕ_s は $2\phi_b$ になる．

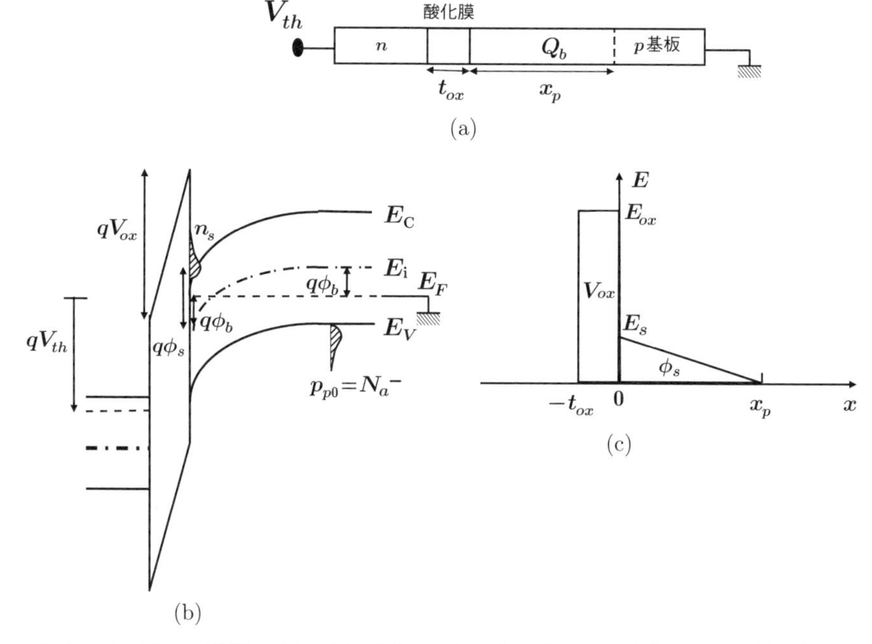

図 A11.1　V_{th} の説明．(a)MOS 構造，(b) エネルギーバンド図，(c) 電界分布．

$$\phi_b = \frac{kT}{q} \ln\left(\frac{N_a^-}{n_i}\right) \qquad \text{(A11.3)}$$

である．酸化膜中での電位降下は，(c) の酸化膜中の電界の面積 ($\int Edx$) に相当し，

$$\begin{aligned} V_{ox} &= E_{ox} \cdot t_{ox} \\ &= \frac{Q_b}{\varepsilon_{ox}} \cdot t_{ox} \end{aligned}$$

$$= \frac{Q_b}{C_0} \tag{A11.4}$$

となる．V_{FB} は，N_G をゲートの不純物濃度として，

$$V_{FB} = -\left[\frac{kT}{q}\ln\left(\frac{N_G}{n_i}\right) + \frac{kT}{q}\ln\left(\frac{N_a^-}{n_i}\right)\right] \tag{A11.5}$$

である．したがって，V_{th} は次式となる．

$$V_{th} = 2\phi_b + \frac{Q_b}{C_0} + V_{FB} \tag{A11.6}$$

なお，Q_b は空乏層の幅を x_p として，

$$Q_b = qN_a^- x_p \tag{A11.7}$$

である．x_p は pn 接合ダイオードの片側階段接合の空乏層幅を表す (A7.8) 式と同様に，

$$x_p = \sqrt{\frac{2\varepsilon_{Si}}{qN_a^-}2\phi_b} \tag{A11.8}$$

で与えられる．

MOS トランジスタの場合，p 基板に負の電圧 V_{sub} を印加すると，V_{th} は高くなる．これは V_{ox} の増加であり，以下のように説明できる．電子は，ソースからチャネルのポテンシャル・バリアを越えて供給される．つまり，V_{sub} の印加に関わらず，表面の電子密度 n_s が N_a^- と等しくなるまでポテンシャル・バリアが低くなったときが V_{th} である．V_{sub} を印加した場合，$n_s = N_a^-$ になるまでエネルギーバンドが曲がり，空乏層が延び Q_b が増える．このため，酸化膜中での電位降下 V_{ox} が大きくなり，V_{th} が高くなる [10]．

10 ソースが接地してあり，電位の基準はソースのフェルミレベルである（3.2.3 側注 12 参照）．

【付録 A12】　短チャネルでドレイン電流 I_D が飽和する理由

ドレイン電流 I_D が飽和する理由を 6.2.4 項ではピンチオフするからだと述べた．正確には，I_D が飽和する理由はチャネル長によって変わる．ここでは，チャネル長が短い 2 つの場合を説明する．

(1)　短チャネル（$v = v_{sat}$ の場合）[37),38)]

短チャネルでチャネルの電界が高くなり，ある V_D でドレイン端が飽和速度 v_{sat} になると I_D が飽和する [11]．I_D の飽和は，キャリア速度 v_D が v_{sat} で飽和することが原因である．なお，I_D は v_{sat} で飽和するが，ピンチオフしていない．したがって，I_D が飽和する V_D は $V_G - V_{th}$ より低くなる．このとき，チャネルのドレイン端でゲート酸化膜にかかる電圧は V_{th} よりも高く，飽和時の電荷 Q_D は長チャネルの場合よりも大きい [12]．

さらに短チャネル化してソース端の速度 v_S が v_{sat} になると，I_{Dsat} は (6.9) 式で示した次式となる．

11 飽和速度 v_{sat} になる電界は，2×10^4 V/cm 程度である（図 2.30）．したがって，チャネル長 L の電界を大まかに V_D/L として $V_D = 2$ V とすると，v_{sat} になる L は 1 μm となる．ここでいう短チャネルとは，数 μm 以下ということである．

12 I_D 飽和時の Q_D が大きくなり，ソース端の Q_S との差は減少する．このため，v_D と v_S の差も減少する．さらに短チャネル化すると，Q と v それぞれでドレイン端とソース端の差が縮まる．この短チャネル化を進めていくと，遂には I_D 飽和時にチャネル全域が v_{sat} となる．

$$I_{Dsat} = Q_S \cdot v_{sat} = WC_0(V_G - V_{th}) \cdot v_{sat} \quad \text{(A12.1)}$$

この場合，I_{Dsat} は $(V_G - V_{th})$ に比例して増え，長チャネルでの $(V_G - V_{th})$ の2乗の依存性とは異なる．

(2) 極短チャネル[39)–42)]

チャネル長 L が**平均自由行程** (mean free path)[13] λ と同程度になると，チャネルでのキャリアの散乱回数が少なくなる[14]．このため，この極短チャネルで I_D を律速するのは，チャネルのソース端からのキャリア注入となる．

13 平均自由行程 λ は，キャリアが散乱を受けた後，次の散乱までの間に自由に走る距離である．Si では 10 nm 程度である．

14 $L < \lambda$ では，ソースを出発したキャリアはチャネルで散乱されることなくドレインまで到達する．あたかも銃から発射された弾のように進むので，弾道を意味するバリスティック (ballistic) という言葉を用いてバリスティック伝導という．$L \approx \lambda$ で，散乱回数が少ない場合は準バリスティック伝導という．

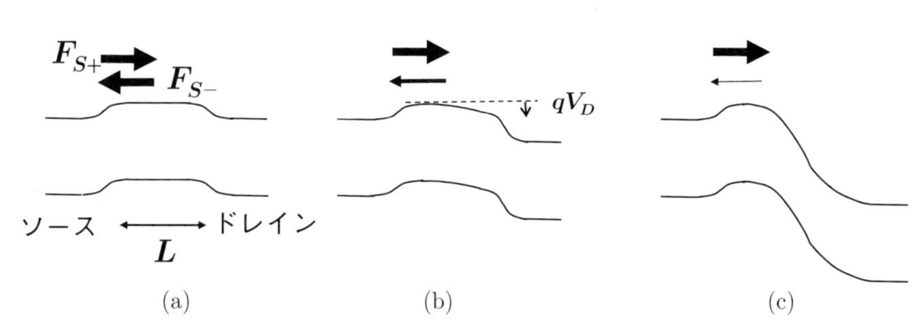

図 A12.1　極短チャネルでドレイン電流 I_D が飽和する理由．　(a)$V_D = 0$ V，(b) 線形領域，(c) 飽和領域．

ソース端でのキャリアの流れ（flux）は，図 A12.1(a) に示すように，ドレインに向かう F_{S+} とソースに向かう F_{S-} がある[15]．したがって，I_D は正味の流れ $(F_{S+} - F_{S-})$ に比例する．(a) の $V_D = 0$ V の場合，F_{S+} と F_{S-} は大きさが同じで逆向きである．このため，正味の流れは 0 となり，電流は流れない．(b) の線形領域の場合，V_D の印加によりソースに向かう F_{S-} が減少し，I_D が増える．つまり，ドレインに向かう F_{S+} は V_D に依らず一定で，ソースに向かう F_{S-} が V_D を増やすと減少するということである．(c) の飽和領域の場合，ソースに向かう F_{S-} が飽和し，この結果 I_D が飽和する．飽和電流 I_{Dsat} は，ソース端からのキャリアの注入速度 v_{inj} で決まる[16]．

まとめると，長チャネル→短チャネル→極短チャネルになるにつれ，I_D が飽和する理由は，ピンチオフ→ v_{sat} →ソース端の v_{inj} と変わる．また，律速する場所は，ドレイン端→チャネル→ソース端と変わる．

15 F は流れを表す．添字の S はソース端を意味する．$+$ はソースからドレインに向かう運動方向を示し，$-$ は逆にドレインからソースへ向かう方向を示す．

16 I_D 飽和時に，バリスティック伝導ではソースに向かうキャリアの流れがなくなる ($F_{S-} = 0$)．したがって，I_{Dsat} は $Q_S \cdot v_{inj}$ と表される．一方，準バリスティック伝導ではソースから注入されたキャリアの一部はチャネル内で散乱されてソースに戻るので ($F_{S-} \neq 0$)，I_{Dsat} はバリスティック伝導よりも小さくなる．なお，V_G が V_{th} に近くキャリア密度が低い場合は，v_{inj} は熱速度 v_{th} となる[40)]．

参考図書

・基礎的な教科書

(1) del Alamo, J. A.: *Integrated microelectronic devices: Physics and modeling*, Pearson (2018).
(2) アンダーソン, B. L., アンダーソン, R. L.（樺沢宇紀 訳）:『半導体デバイスの基礎 中（ダイオードと電界効果トランジスタ）』, 丸善出版 (2012).
(3) Grove, A. S.: *Physics and technology of semiconductor devices*, John Wiley & Sons (1967).

・ある程度基礎が分かってから読む本

(4) 御子柴宣夫:『半導体の物理（改訂版）』, 培風館 (1991).

参考文献

[1] ファインマン, R. P., 他（砂川 訳）：『ファインマン物理学 V 量子力学』, p.69, 岩波書店 (1979).

[2] シャイヴ, J. N.: 『半導体工学』, p. 217, 岩波書店 (1961).

[3] キッテル, C.（宇野 他 訳）：『固体物理学入門 上』, pp. 99–140, 丸善 (1978).

[4] Green, M. A.: "Intrinsic concentration, effective densities of states, and effective mass of silicon," *J. Appl. Phys.*, Vol. 67, pp. 2944–2954 (1990).

[5] 執行直之: 『Si の真性キャリア密度は？』, 応用物理学会誌, Vol. 65, pp. 1276–1277 (1996).

[6] Grove, A. S.: *Physics and technology of semiconductor devices*, p.106, John Wiley & Sons (1967).

[7] Grove, A. S.: in Ref. 6, p.37.

[8] ファインマン, R. P., 他（宮島 訳）：『ファインマン物理学 III 電磁気学』, p.46, 岩波書店 (1969).

[9] Grove, A. S.: in Ref. 6, p.153.

[10] 倉田衛: 『バイポーラトランジスタの動作理論』, p. 73, 近代科学社 (1980).

[11] 倉田衛: in Ref. 10, p. 147.

[12] Taur, Y., Ning, T. N.: *Fundamentals of modern VLSI devices* (3rd Ed.), p. 130, Cambridge University Press (2022).

[13] Taur, Y., Ning, T. N.: in Ref. 12, p.116.

[14] Grove, A. S.: in Ref. 6, p.274.

[15] Grove, A. S.: in Ref. 6, p.328.

[16] 柴田直: 『半導体デバイス入門』, p. 196, 数理工学社 (2014).

[17] del Alamo, J. A.: *Integrated microelectronic devices*, Physics and modeling, p. 545, Pearson (2018).

[18] アンダーソン, B. L., アンダーソン, R. L.（樺沢宇紀 訳）：『半導体デバイスの基礎 中（ダイオードと電界効果トランジスタ）』, p. 512, 丸善 (2012).

[19] Sze, S. M., Li, Y., Ng, K. K.: *Physics of semiconductor devices* (4th Ed.), p.353, John Wiley & Sons (2021).

[20] Dennard, R. H., *et al.*: "Design of ion-implanted MOS-FET's with very

small physical dimensions," *IEEE J. Solid-St. Circuits*, Vol. 9, pp. 256–268 (1974).

[21] Yau, L. D.: "A simple theory to predict the threshold voltage of short-channel IGFET's," *Solid-St. Electron.*, Vol. 17, pp. 1059–1063 (1974).

[22] Troutman, R. R.: "VLSI limitation from drain-induced barrier lowering," *IEEE Trans. Electron Devices*, ED-26, pp. 461–469 (1979).

[23] 執行直之 他:『MOS 集積回路の基礎』, pp. 241–243, 近代科学社 (1992).

[24] 執行直之 他: in Ref. 23, pp. 223–231.

[25] Bakoglu, H. B., Meindl, J. D.: "Optimal interconnection circuits for VLSI," *IEEE Trans. Electron Devices*, ED-32, pp. 903–909 (1985).

[26] Dang, R. L. M., Shigyo, N.: "Coupling capacitance for two-dimensional wires," *IEEE Trans. Electron Device Letters*, EDL-2, pp. 196–197 (1981).

[27] Masuoka, F., *et al.*: "A new Flash EEPROM cell using triple polysilicon technology," *Tech. Dig. IEDM*, pp. 464–467 (1984).

[28] 岸野正剛:『現代 半導体デバイスの基礎』, pp. 17–18, オーム社 (1995).

[29] Shockley, W. , Read, W. T. : "Statistics of the recombinations of holes and electrons," *Phys. Rev.*, Vol. 87, pp. 835–842 (1952).

[30] del Alamo, J. A.: in Ref. 17, p. 106

[31] Shigyo, N., *et al.*: "Modeling and Simulation of Si IGBTs," *Proc. SISPAD*, pp. 129–132 (2020).

[32] Slotboom, J., de Graaff, H. C.: "Measurements of bandgap narrowing in Si bipolar transistors," *Solid-St. Electron.*, No. 19, pp. 857–862 (1976).

[33] Shigyo, N., *et al.*: "An improved bandgap narrowing model based on corrected intrinsic carrier concentration," *Trans. IEICE*, E75-C, pp. 156–160 (1992).

[34] Shigyo, N., *et al.*: "Minority carrier mobility model for device simulation," *Solid-St. Electron.*, Vol. 33, pp. 727–731 (1990).

[35] Klaassen, D. B. M.: "A unified mobility model for device simulation - I. Model equations and concentration dependence," *Solid-St. Electron.*, Vol. 35, pp. 953–959 (1992).

[36] Bennett, H. S.: *Solid-St. Electron.*, Vol. 26, pp. 1157–1166 (1983).

[37] del Alamo, J. A.: in Ref. 17, p.620.

[38] Taur, Y., Ning, T. N.: in Ref. 12, p.219.

[39] Natori, K.: "Ballistic metal-oxide-semiconductor field effect transistor," *J. Appl. Phys.*, Vol. 76, pp. 4879–4890 (1994).

[40] 名取研二:『ナノスケール・トランジスタの物理』, pp. 116–136, 朝倉書店 (2018).

[41] Lundstrom, M.: "Elementary scattering theory of the Si MOSFET," *Electron Device Lett.*, Vol. 18, pp. 361–363 (1997).

[42] Taur, Y., Ning, T. N.: in Ref. 12, pp. 230–236.

索引

た

な

は

ま

ら

◆著者略歴

執行 直之（しぎょう なおゆき）

東北大学 工学研究科 情報工学専攻修了．博士（工学）．IEEE Life Fellow.
1980 年 株式会社 東芝 入社．2019 年 キオクシア株式会社.
専門は，半導体デバイス・シミュレーションとデバイス設計．1982 年に 3 次元デバイス・シミュレータを開発し，デバイスの微細化での問題を解明した．さらに，少数キャリア移動度などの物理モデルを構築して，デバイス・シミュレータを実用化し，超 LSI の実現に貢献した．また，静電破壊 (ESD) やソフトエラーなどの問題も解決した．フラッシュメモリのデバイス設計に貢献した．パワーデバイスであるIGBTの研究も行った．共著に『MOS集積回路の基礎』（近代科学社），『最新半導体プロセス・デバイス・シミュレーション技術』（リアライズ社）などがある.
2001 年から現在まで神奈川大学 工学部 非常勤講師．2004 年から 2 年間，東京工業大学 大学院 非常勤講師．2008 年東北大学 大学院 客員教授．2017 年から 2 年間，東京工業大学 研究員.

装丁：川崎デザイン
編集：山口 幸行・伊藤 雅英

増補版　はじめての半導体デバイス

2017年3月31日　初版第1刷発行
2022年4月30日　初版増補第1刷発行
2024年4月30日　初版増補第3刷発行

著　者　執行 直之
発行者　大塚 浩昭
発行所　株式会社近代科学社
〒101-0051 東京都千代田区神田神保町1丁目105番地
https://www.kindaikagaku.co.jp

Printed in Japan
ISBN978-4-7649-0644-0
印刷・製本　藤原印刷株式会社